Android Studio Mobile Application Development

Android Studio

移动应用开发任务教程

第 2 版 | 微课版

李斌 ◉ 主编

刘鹤鸣　李晨来 ◉ 副主编

人民邮电出版社

北京

图书在版编目（ＣＩＰ）数据

Android Studio移动应用开发任务教程：微课版 /
李斌主编. -- 2版. -- 北京：人民邮电出版社，2024.5
名校名师精品系列教材
ISBN 978-7-115-63802-1

Ⅰ. ①A… Ⅱ. ①李… Ⅲ. ①移动终端－应用程序－
程序设计－教材 Ⅳ. ①TN929.53

中国国家版本馆CIP数据核字(2024)第040033号

内 容 提 要

本书全面地介绍在 Android Studio 开发环境下进行移动应用开发的一般步骤和方法，并根据"1+X"职业技能等级证书的要求，加入 HMS Core 应用场景开发的内容。本书共 7 章，内容包括 Android 概述、Android 基本 UI 控件应用、Android 高级 UI 控件应用、Android 本地存储综合开发、服务与广播综合开发、网络通信综合开发以及 HMS 应用场景开发。

本书适合作为职业院校相关专业或相关培训机构的教材，也可供具有初步面向对象程序设计思想并掌握 Java 基本语法的读者自学使用。

◆ 主　编　李　斌
　　副 主 编　刘鹤鸣　李晨来
　　责任编辑　初美呈
　　责任印制　王　郁　焦志炜
◆ 人民邮电出版社出版发行　　北京市丰台区成寿寺路 11 号
　　邮编　100164　　电子邮件　315@ptpress.com.cn
　　网址　https://www.ptpress.com.cn
　　大厂回族自治县聚鑫印刷有限责任公司印刷
◆ 开本：787×1092　1/16
　　印张：18　　　　　　　　　2024 年 5 月第 2 版
　　字数：410 千字　　　　　　2024 年 5 月河北第 1 次印刷

定价：69.80 元

读者服务热线：(010)81055256　印装质量热线：(010)81055316
反盗版热线：(010)81055315
广告经营许可证：京东市监广登字 20170147 号

前 言 PREFACE

随着移动互联网的普及和 5G 技术的推广，特别是人工智能、云计算、物联网等新技术的不断发展，移动应用开发领域正朝着智能化、沉浸式体验、支付和电子商务、物联网等方向不断发展。本书将带领读者进入移动应用开发的世界，探索新的技术和工具。本书从 Android 基础开始，介绍移动应用开发的核心概念、技术以及常用的开发框架和工具，帮助读者在实际项目中提高开发效率和质量。

党的二十大报告提出：我们要坚持教育优先发展、科技自立自强、人才引领驱动，加快建设教育强国、科技强国、人才强国。本书结合党的二十大精神和高职高专院校的特点，采用"项目驱动，任务导向"的任务化教学方法，突出实操环节，强化对读者职业岗位能力和职业素养的训练。

与第 1 版相比，本书进行了全面的更新和增补。本书紧跟移动应用开发的最新趋势，补充了 Android 部分新增控件（如 RecyclerView、BottomNavigationView 等）、前台服务、通知以及常用框架（如 Volley、OKHttp 等）的相关知识和应用案例；对照华为"1+X"移动应用开发职业技能等级证书（中级）的要求，新增 HMS 应用场景开发的相关内容，可有效提高读者"1+X"证书考试的通过率；新增"小讨论"环节，将职业素养有机融入教学内容中。

本书在内容组织上采用循序渐进的方式，由简单到复杂、由单一功能向综合应用逐层递进；将每个知识点解构为一系列工作任务，确保每项工作任务目标明确、重点突出、实施步骤清晰、实现难度适中；使读者能够从简单任务入手，逐步深入，最终完成较为综合的项目，实现开发能力的提升。

本书的参考学时为 48～64 学时，建议采用项目驱动的教学模式，具体内容和参考学时分配如下。

学时分配表

章	内容	学时
第 1 章	Android 概述	2
第 2 章	Android 基本 UI 控件应用	4～6
第 3 章	Android 高级 UI 控件应用	10～14
第 4 章	Android 本地存储综合开发	12～14

续表

章	内容	学时
第 5 章	服务与广播综合开发	6～8
第 6 章	网络通信综合开发	8～10
第 7 章	HMS 应用场景开发	6～10
学时总计		48～64

　　本书所有案例均基于 Android Studio Arctic Fox 版本开发环境进行编写，考虑到华为 HMS 的兼容性，以 Android 11 为开发平台。同时，第 1～6 章的程序均在 Android 12 中验证通过。本书对每个任务都提供了详细的开发步骤以及相应的操作视频，方便读者自学。

　　本书由李斌任主编，刘鹤鸣、李晨来任副主编，李斌负责统编全稿。

　　由于编者水平有限，书中难免存在不足之处，恳请专家和各位读者提出宝贵意见。

编　者
2023 年 10 月

目 录 CONTENTS

第 1 章 Android 概述

本章概览

　　Android 操作系统是谷歌公司开发的一款开源移动操作系统，其中文名为"安卓"。Android 操作系统基于 Linux 内核设计。目前，Android 操作系统不仅是全球市场占有率最大的智能手机操作系统，还广泛应用于平板计算机、电视及各种可穿戴设备。本章将介绍 Android 的版本和体系结构，并通过 3 个任务讲解如何安装 Android Studio 集成开发环境、简单配置 Android Studio 集成开发环境以及开发第一个 Android 应用等。

知识图谱

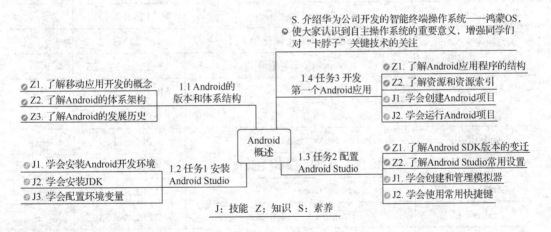

S. 介绍华为公司开发的智能终端操作系统——鸿蒙OS，使大家认识到自主操作系统的重要意义，增强同学们对"卡脖子"关键技术的关注

- Z1. 了解移动应用开发的概念
- Z2. 了解Android的体系架构
- Z3. 了解Android的发展历史

1.1 Android的版本和体系结构

- J1. 学会安装Android开发环境
- J2. 学会安装JDK
- J3. 学会配置环境变量

1.2 任务1 安装 Android Studio

Android 概述

1.4 任务3 开发第一个Android应用
- Z1. 了解Android应用程序的结构
- Z2. 了解资源和资源索引
- J1. 学会创建Android项目
- J2. 学会运行Android项目

1.3 任务2 配置 Android Studio
- Z1. 了解Android SDK版本的变迁
- Z2. 了解Android Studio常用设置
- J1. 学会创建和管理模拟器
- J2. 学会使用常用快捷键

J：技能 Z：知识 S：素养

1.1　Android 的版本和体系结构

　　Android 操作系统最初主要由安迪·鲁宾（Andy Rubin）等人开发，且主要支持手机。2005 年，谷歌公司收购了安卓科技公司并进行了注资，组建了开放手机联盟对 Android 进行改良，使其逐渐扩展到其他领域中。目前，Android 的主要竞争对手是苹果公司的 iOS。

1.1.1　Android 版本简介

　　Android 版本的升级速度很快，目前已推出 14，每个版本均有一个开发代号和与之对应的 API 级别。所谓 API 级别是一个整数值，是 Android 平台版本中的框架 API 修订版的唯一标识。Android 各版本代号及 API 级别如表 1-1 所示。

表 1-1　Android 各版本代号及 API 级别

Android 版本	开发代号	API 级别	备注
Android 1.0	无代号	API Level 1	—
Android 1.1	Petit Four（花式小蛋糕）	API Level 2	—
Android 1.5	Cupcake（纸杯蛋糕）	API Level 3	—
Android 1.6	Donut（甜甜圈）	API Level 4	—
Android 2.0/2.1	Eclair（闪电泡芙）	API Level 5～7	—
Android 2.2	Froyo（冻酸奶）	API Level 8	—
Android 2.3	Gingerbread（姜饼）	API Level 9、10	—
Android 3.0/3.1/3.2	Honeycomb（蜂糖）	API Level 11～13	平板计算机专用
Android 4.0	Ice Cream Sandwich（冰激凌三明治）	API Level 14、15	—
Android 4.1/4.2/4.3	Jelly Bean（果冻豆）	API Level 16～18	—
Android 4.4	KitKat（巧克力棒）	API Level 19、20	—
Android 5.0	Lollipop（棒棒糖）	API Level 21、22	—
Android 6.0	Marshmallow（棉花糖）	API Level 23	—
Android 7.0	Nougat（牛轧糖）	API Level 24、25	—
Android 8.0	Oreo（奥利奥）	API Level 26、27	—
Android 9	Pie（派）	API Level 28	—
Android 10	Android Q	API Level 29	—
Android 11	Red Velvet Cake（红丝绒蛋糕）	API Level 30	—
Android 12	Snow Cone（刨冰）	API Level 31	—
Android 13	Tiramisu（提拉米苏）	API Level 33	—
Android 14	UpsideDownCake（翻转蛋糕）	API Level 34	—

本书考虑到华为 HMS 的兼容性，以 Android 11 为开发平台，同时，第 1～6 章的程序均在 Android 12 中验证通过，能适于目前大多数主流机型采用的平台。

1.1.2　Android 体系结构

和其他操作系统一样，Android 采用分层的体系结构，如图 1-1 所示。从低层到高层分别是 Linux 内核（Linux Kernel）、原生库（Libraries）及运行时（Runtime）、应用程序框架层（Application Framework）和应用程序层（Application）。

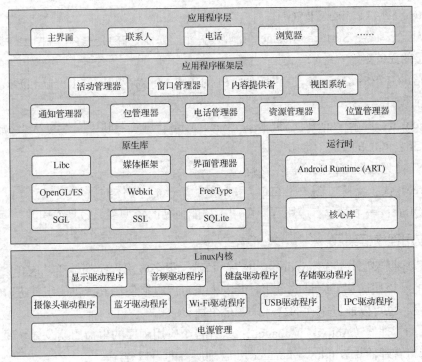

图 1-1　Android 体系结构

1．Linux 内核

Android 是一种基于 Linux 的开放源代码软件栈，为各类设备和机型而创建。Android 的核心系统服务依赖于 Linux 内核，如系统安全、内存管理、进程管理、网络协议栈和驱动模型等。

2．运行时及原生库

（1）运行时。运行时包含一个核心库和 Android Runtime（ART），其中，核心库兼容了 Java 核心库的大多数功能；而 ART 是 Android 上的应用和部分系统服务使用的托管式运行时。ART 及其前身 Dalvik 虚拟机最初都是专为 Android 项目打造的，可运行 DEX 格式的文件，但 ART 引入了预先编译机制，并对垃圾回收和开发调试做了大量的优化，相较于 Dalvik 虚拟机可有效提升应用的性能和稳定性。因此，对于 Android（API 级别为 21）或更高的版本，ART 已经取代了 Dalvik 虚拟机。

（2）原生库。Android 中许多核心系统组件和服务［例如 ART 和硬件抽象层（Hardware Abstraction Layer，HAL）］构建自原生代码，需要用到用 C 语言和 C++编写的原生库。这些库能被 Android 系统中不同的组件使用，它们通过 Android 应用程序框架为开发者提供服务。以下是一些核心库。

① 系统 C 库（Libc）：Libc 是原生库中最基本的函数库，封装了 io、文件、socket 等基本系统调用，它是专门为基于 Embedded Linux 的设备定制的。

② 媒体框架（Media Framework）：基于 PacketVideo OpenCore，该库支持多种常用格式的音频、视频的录制和回放，同时支持静态图像文件。其编码格式包括 MPEG4、H.264、

MP3、AAC、AMR、JPG、PNG。

③ 界面管理器（Surface Manager）：管理显示子系统，并且为多个应用程序提供了 2D 和 3D 图层的无缝融合。

④ OpenGL/ES：OpenGL 三维图形 API 的子集，针对手机、掌上电脑和游戏主机等嵌入式设备而设计。

⑤ WebKit：一个 Web 浏览器引擎，支持 Android 浏览器和可嵌入的 Web 视图。

⑥ SGL：底层的 2D 图形引擎。

⑦ SSL：为数据通信安全提供支持。

⑧ FreeType：支持位图（Bitmap）和矢量（Vector）字体的显示。

⑨ SQLite：一个对所有应用程序可用、功能强劲的轻型关系数据库引擎。

3. 应用程序框架层

应用程序框架层是进行 Android 开发的基础，很多应用程序都是通过这一层来实现其核心功能的，该层简化了组件的重用，开发人员可以直接使用其提供的组件进行快速的应用程序开发，也可以通过组件的继承来实现个性化的拓展。

① 活动管理器（Activity Manager）：管理各个应用程序的生命周期及导航回退功能。

② 窗口管理器（Window Manager）：管理所有的窗口程序。

③ 内容提供者（Content Provider）：使不同应用程序之间可以存取或者分享数据。

④ 视图系统（View System）：构建应用程序的基本组件。

⑤ 通知管理器（Notification Manager）：使应用程序可以在状态栏中显示自定义的提示信息。

⑥ 包管理器（Package Manager）：管理 Android 系统中的程序。

⑦ 电话管理器（Telephony Manager）：管理所有的移动设备功能。

⑧ 资源管理器（Resource Manager）：提供应用程序使用的各种非代码资源，如本地化字符串、图片、布局文件、颜色文件等。

⑨ 位置管理器（Location Manager）：提供位置服务。

4. 应用程序层

Android 是以 Linux 为核心的手机操作平台，是一款开放式的操作系统。随着 Android 的快速发展，如今已允许开发者使用多种编程语言来开发 Android 应用程序，而不再是以前只能使用 Java 开发 Android 应用程序的单一局面，因此，Android 受到了众多开发者的欢迎，成为真正意义上的开放式操作系统。

1.2 任务 1 安装 Android Studio

1. 任务简介

Android Studio 是基于 IntelliJ IDEA 开发的 Android 集成开发环境（Integrated Development Environment，IDE）。本书使用的是 Android Studio Arctic Fox 开发环境。

（1）操作系统：Windows 10 64 位操作系统。

（2）JDK：JDK 1.8。

（3）Android Studio：Android Studio Arctic Fox。

2．相关知识

Android Studio 的主要特点如下。

（1）它基于 Gradle 灵活构建系统。

（2）它提供了快捷且功能丰富的模拟器。

（3）它是 Android 专属的重构和快速修复工具。

（4）它提供了提示工具，以捕获性能、可用性、版本兼容性等问题。

（5）它支持 ProGuard 和应用签名。

（6）它基于模板的向导来生成常用的 Android 应用设计和组件。

（7）它是功能强大的布局编辑器，用户可以拖动 UI 控件并进行效果预览。

3．任务实施

（1）下载 Android Studio。在官网中找到 Android Studio Arctic Fox［这里以 Android Studio Arctic Fox (2020.3.1) Canary 5 为例］，单击图 1-2 中"安装程序"下，Windows(64 位)后的超链接进行下载。

第 1 章任务 1 操作

图 1-2　Android Studio 下载页面

（2）下载完成后，双击 Android Studio 的安装文件，进入其安装界面，如图 1-3 所示。

（3）单击"Next"按钮，进入选择安装组件界面，如图 1-4 所示。

图 1-3　Android Studio 安装界面

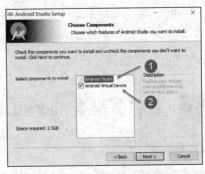

图 1-4　选择安装组件界面

其中，①是 Android Studio 主程序，必勾选；②是安卓虚拟设备，如果需要在计算机中使用虚拟设备调试程序，则应勾选。

（4）设置 Android Studio 的安装目录，如图 1-5 所示。

（5）单击 "Next 按钮"，进入选择开始菜单界面，如图 1-6 所示。

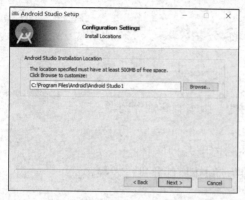 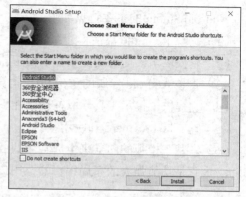

图 1-5　设置 Android Studio 的安装目录　　　　　图 1-6　选择开始菜单界面

（6）单击 "Install" 按钮，依次单击 "Next" 按钮，使用默认设置完成安装，如图 1-7 所示。

注意：在设置 Android Studio 的安装目录时，不要把 Android Studio 安装在包含中文字符的路径下。

图 1-7　完成安装界面

当出现图 1-7 所示的完成安装界面时，保持 Start Android Studio 复选框处于勾选状态，并单击 "Finish" 按钮完成安装。

1.3　任务 2　配置 Android Studio

1. 任务简介

在本任务中，将对 Android Studio 配置 Android SDK，并对开发环境进行个性化设置，使其符合个人开发习惯。

2. 相关知识

Android Studio 可通过 SDK 配置，方法为根据需要下载相应版本的 SDK。

Android Studio 自带 3 种主题，分别是 IntelliJ、Darcula 和 High Contrast，用户可依据喜好自由选择。

此外，可以通过设置面板，对字体大小、代码自动补齐功能、常用快捷键及版本更新等多种功能和设置进行个性化调整，以配置出符合程序员个性化需求的开发环境。

3. 任务实施

（1）Android Studio 安装完毕后，会弹出图 1-8 所示的对话框，提示是否导入之前的配置文件。如果是第一次安装，可直接选择不导入，再单击"OK"按钮，如图 1-8 所示。

第 1 章任务 2 操作

Android Studio 在初次配置时，需要从网上下载大量的组件，在确认计算机网络良好的情况下，进行进一步配置。

Android Studio 可能会提示图 1-9 所示的不能访问 Android SDK add-on list 的信息。单击"Cancel"按钮。接下来进入 Android Studio 的设置向导欢迎界面，单击"Next"按钮，如图 1-10 所示。

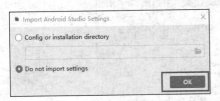

图 1-8 提示是否导入配置文件

图 1-9 提示无法访问 Android SDK add-on list

图 1-10 Android Studio 的设置向导欢迎界面

选择安装类型。对初学者而言，推荐选择标准设置，即选择"Standard"单选项，选择好之后单击"Next"按钮，如图 1-11 所示。

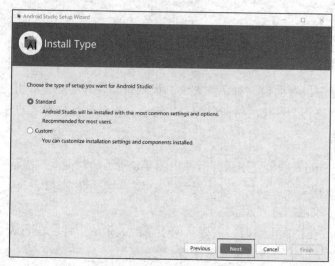

图 1-11　选择 Android Studio 的安装类型

选择用户主题。此处有两种用户主题可以选择，一种是黑色主题 Darcula，另一种是明亮主题 Light，选择你喜欢的主题然后单击"Next"按钮，如图 1-12 所示。

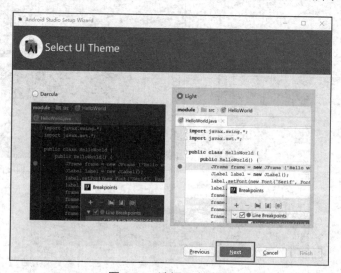

图 1-12　选择用户主题

确认安装设置信息，单击"Finish"按钮，如图 1-13 所示。接下来是一段比较长的下载安装过程，安装程序会从网上下载大量开发组件，因此需要保证有良好的网络连接。

（2）下面配置 Android SDK。在 Android Studio 的欢迎界面单击"Customize"选项卡内的"All settings"选项，如图 1-14 所示。选择"Appearance & Behavior"→"System Settings"→"Android SDK"选项，勾选"Android 11.0(R)"复选框，单击"OK"按钮，如图 1-15 所示。

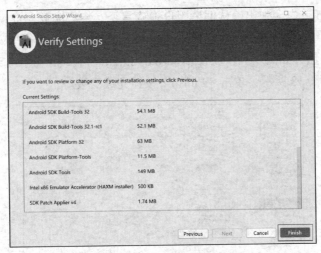

图 1-13　确认安装设置信息

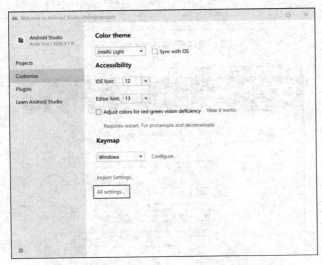

图 1-14　Android Studio 欢迎界面

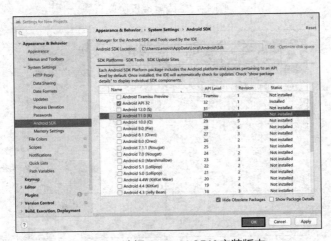

图 1-15　选择 Android SDK 安装版本

　　Android Studio 首先会弹出确认框请用户确认是否安装勾选版本的 Android SDK 组件，单击"OK"按钮，如图 1-16 所示；会弹出 Android SDK 组件的用户协议，选择"Accept"，并单击"Next"按钮，如图 1-17 所示；Android Studio 会自动下载并安装相应组件，组件安装完成后，如图 1-18 所示，单击"Finish"按钮完成安装。

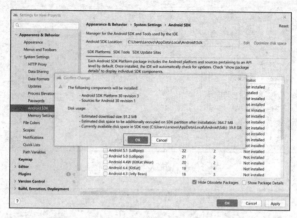

图 1-16　确认安装 Android SDK 组件

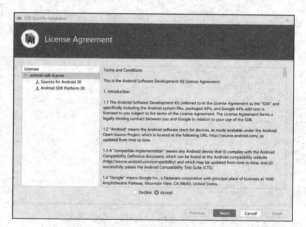

图 1-17　同意授权协议

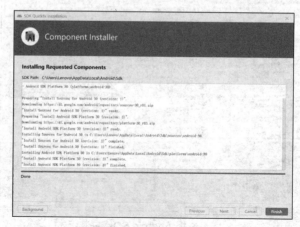

图 1-18　组件安装完成

（3）修改代码字体及大小。选择"File"→"Settings"→"Editor"→"Font"选项，进行相应设置，如图 1-19 所示。

图 1-19　修改代码字体及大小

（4）关闭自动更新功能，如图 1-20 所示。

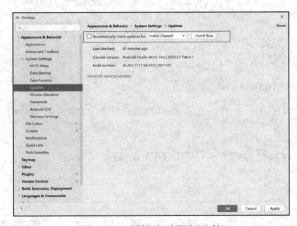

图 1-20　关闭自动更新功能

（5）设置代码的自动补齐功能。Android Studio 默认具有代码自动补齐功能，并且对首字母的大小写敏感。可以通过取消勾选 Match case 复选框，使之对大小写不敏感。勾选图 1-21 中 Insert selected suggestion by pressing space, dot or other context-dependent keys 前的复选框后，用户在 Android Studio 中输入代码时，可以通过点"."、逗号","、分号";"、空格和其他字符来触发对高亮部分的选择，完成代码补齐操作。

Android Studio 中常用组合键及对应的功能如下。

① Alt+Enter：自动修正问题。

② Alt+Insert：可以自动生成代码（构造器、getter/setter 方法、新文件、新类等）。

③ Ctrl+O：重写方法。

④ Ctrl+H：查看类的继承关系。

⑤ Ctrl+P：提示参数。

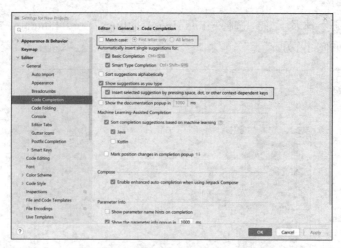

图 1-21　设置代码的自动补齐功能

⑥ Ctrl+B：当鼠标指针位于一个方法上时，定位至该方法的定义处。

⑦ Ctrl+/：添加注释或取消注释。

IDE 工具提供了一些实用的模板工具，若能熟练使用可大大提高代码编写速度，例如以下工具。

① fori：自动生成 for 循环语句。

② sout：自动生成控制台输出语句。

③ fbc：自动生成 findViewById 语句。

更多的模板设置可单击"File"→"Settings"→"Editor"→"Live Templates"查看。

1.4　任务 3　开发第一个 Android 应用

1．任务简介

在本任务中，将通过创建并运行 HelloWorld 应用，学习如何在 Android Studio 中创建自己的项目，以及如何配置模拟器，并在模拟器中运行调试程序。HelloWorld 应用运行效果如图 1-22 所示。

2．相关知识

（1）Android Studio 项目的目录结构。

Android Studio 是采用 Gradle 来构建项目的。Gradle 是一个非常先进的项目构建工具，它使用了一种基于 Groovy 的领域特定语言（Domain Specific Language，DSL）来声明项目设置，摒弃了传统的基于 XML（如 Ant 和 Maven）的各种烦琐配置。

打开一个 Android 项目，常用的项目视图为 Android

图 1-22　HelloWorld 应用运行效果

视图和 Project 视图，Android 视图隐藏和折叠了一些开发中很少用到的文件和文件夹，而 Project 视图中的内容与项目目录下看到的文件和文件夹一致。默认采用 Android 视图，其项目目录结构如图 1-23 所示。

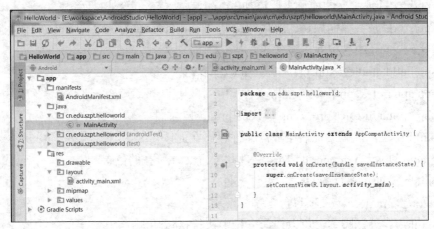

图 1-23　Android 视图中的项目目录结构

① manifests 目录：主要存储 Android 应用程序的配置信息，如 AndroidManifest.xml。

② java 目录：主要存储源代码和测试代码。

③ res 目录：资源目录，存储所有的项目资源，其下又有许多子目录，如 drawable（存储一些图形的 XML 文件）、layout（存储布局文件）、mipmap（存储应用程序的图标）、values（存储应用程序引用的一些值）。

④ Gradle Scripts：存放项目的 Gradle 配置文件。

单击图 1-24 中的 Android 视图，可以在下拉列表中切换选择不同的视图，这里切换到 Project 视图，如图 1-25 所示。

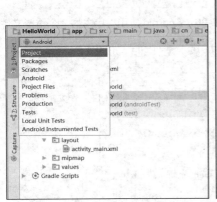

图 1-24　切换视图

图 1-25　Project 视图

下面对主要的目录和文件做简单介绍。

① .idea 目录：存储 Android Studio 集成开发环境所需要的文件。

② .gradle 目录：Gradle 编译系统，版本由 Wrapper 指定。

③ app/build 目录：系统生成的文件目录，最后生成的 APK 文件就在这个目录中，这里存储的是 app-debug.apk。

④ app/libs 目录：存储项目需要添加的*.jar 包或*.so 包等外接库。

⑤ app/src 目录：存储项目的源代码，其中 androidTest 为测试包，main 中为主要的项目目录和代码，test 中为单元测试代码。

⑥ app/build.gradle：app 模块的 Gradle 编译文件。

⑦ app/app.iml：app 模块的配置文件。

⑧ app/proguard-rules.pro：app 模块的 proguard 文件。

⑨ build 目录：代码编译后生成的文件存储在此。

⑩ gradle 目录：Wrapper 的 JAR 文件和配置文件所在的位置。

⑪ build.gradle：项目的 Gradle 编译文件。

⑫ settings.gradle：定义项目包含哪些模块。

⑬ gradlew：编译脚本，可以在命令行中执行打包功能。

⑭ local.properties：配置 SDK/NDK。

⑮ HelloWorld.iml：项目的配置文件。

⑯ External Libraries：项目依赖的库，编译时自动下载。

（2）深入了解 3 个重要文件。

切换到 Android 视图，这里重点分析以下 3 个文件，如图 1-26 所示。

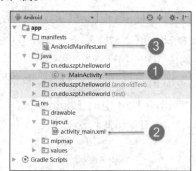

① MainActivity：当创建一个新项目时，Android Studio 会询问是否需要创建一个 Activity，默认的名称为 MainActivity.java。该文件定义了一个 MainActivity 类（继承自 AppCompatActivity）。所谓 Activity，通常是一个单独的界面，大部分程序的流程运行在 Activity 中。Activity 是 Android

图 1-26　Android 应用程序中的 3 个重要文件

应用程序中最基本的模块之一，代码如图 1-27 所示，其基本工作过程如图 1-28 所示。

```
1    package cn.edu.szpt.helloworld;
2
3    import ...
6
7    public class MainActivity extends AppCompatActivity {
8
9        @Override
10       protected void onCreate(Bundle savedInstanceState) {
11           super.onCreate(savedInstanceState);
12           setContentView(R.layout.activity_main);
13       }
14   }
```

图 1-27　Activity 的代码

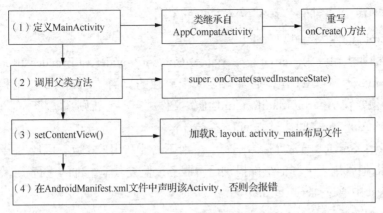

图 1-28　Activity 的基本工作过程

② activity_main.xml：Android 采用界面代码和逻辑代码相分离的设计原则，通常使用 XML-based Layout 文件来定义用户界面，如本项目中的 activity_main.xml。

在 MainActivity 源代码中，通过在 XML 文件中定义的名称来获取该实例。

```
setContentView(R.layout.activity_main);
```

其中，R.layout.activity_main 就是在 R.java 中 R 类定义的 layout 中的 activity_main 变量，对应 res/layout/ activity_main.xml 文件。

③ AndroidManifest.xml：是 Android 应用程序的入口文件，如图 1-29 所示，它描述了 package 中暴露的组件（Activity、Service 等），以及它们各自的实现类、各种能被处理的数据和启动位置。该文件除了能声明程序中的 Activity、ContentProvider、Service 和 Receiver 之外，还能指定 permission 和 instrumentation（安全控制和测试）。

```
1  <?xml version="1.0" encoding="utf-8"?>
2  <manifest xmlns:android="http://schemas.android.com/apk/res/android"
3      package="cn.edu.szpt.helloworld">
4
5  <application
6      android:allowBackup="true"
7      android:icon="@mipmap/ic_launcher"
8      android:label="HelloWorld"
9      android:roundIcon="@mipmap/ic_launcher_round"
10     android:supportsRtl="true"
11     android:theme="@style/Theme.HelloWorld">
12     <activity
13         android:name=".MainActivity"
14         android:exported="true">
15         <intent-filter>
16             <action android:name="android.intent.action.MAIN" />
17
18             <category android:name="android.intent.category.LAUNCHER" />
19         </intent-filter>
20     </activity>
21  </application>
```

图 1-29　任务案例中生成的 AndroidManifest.xml 文件的内容

application 节：一个 AndroidManifest.xml 文件中必须含有一对<application></application> 标签，这个标签声明了每一个应用程序的组件及其属性（如 icon、label、permission 等）。

activity 节：声明该应用中包含的 Activity，通过其 android:name 属性指定具体的类（如 ".MainActivity"）。<intent-filter>标签指定该 Activity 的过滤器，这里设置该 Activity 组件为

默认启动类，当程序启动时，系统会自动调用它。

（3）Android 的四大组件。

Android 的四大组件为 Activity、Service、ContentProvider 和 BroadcastReceiver。

① Activity：一个 Activity 通常就是一个单独的界面。Android 应用程序中每一个 Activity 都必须要在 AndroidManifest.xml 配置文件中声明，否则系统将不能识别也无法执行该 Activity。Activity 之间通过 Intent 进行通信。

② Service：Service 通常在后台运行，一般不需要与用户交互，因此 Service 组件没有图形用户界面，通常用于为其他组件提供后台服务或监控其他组件的运行状态。每个 Service 必须在 manifest 中通过<service>来声明。

③ ContentProvider：Android 平台提供了 ContentProvider 机制，可以使一个应用程序将指定的数据集提供给其他应用程序，而其他应用程序可以通过 ContentResolver 类从 ContentProvider 中获取或向其中存入数据。ContentProvider 使用统一资源标识符（Uniform Resource Indentifier，URI）来唯一标识其数据集，这里的 URI 以 "content://" 为前缀，表示该数据由 ContentProvider 管理。

④ BroadcastReceiver：用于异步接收广播 Intent，使用户可以对感兴趣的外部事件（如当电话呼入时或者数据网络可用时）进行接收并做出响应。BroadcastReceiver 没有用户界面，但它们可以启动一个 Activity 或 Service 来响应它们收到的信息，或者用 NotificationManager 来通知用户。

3. 任务实施

第 1 章任务 3 操作

（1）选择 "File" → "New" → "New Project" 选项，打开 New Project 对话框，如图 1-30 所示。选择 "Phone and Tablet" 选项卡中的 "Empty Activity" 选项，在新应用中创建一个空白 Activity，然后单击 "Next" 按钮。

（2）设置应用名称（Name）、包名（Package name）、保存路径（Save location）、开发语言（Language）和兼容的最低 SDK 版本（Minimum SDK），如图 1-31 所示，然后单击 "Finish" 按钮，完成项目的创建。

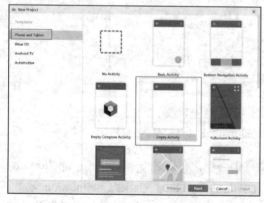

图 1-30　New Project 对话框

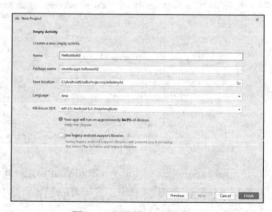

图 1-31　设置应用信息

（3）如果用户是第一次打开 Android Studio，则需要下载 Gradle，其大小为几十兆字节，下载时间由网速决定。完成后即可进入 Android Studio 开发界面。

（4）运行程序时，可以选择在手机真机或者模拟器上运行。在本书中，默认使用模拟器调试。具体步骤如下：单击工具栏中的 按钮，创建 Android 模拟器，如图 1-32 所示。系统打开创建模拟器的窗口，如图 1-33 所示。

图 1-32　单击按钮

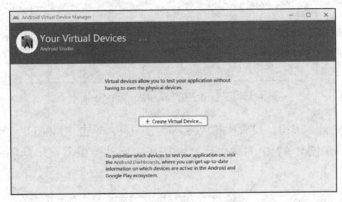

图 1-33　创建模拟器的窗口

（5）首次运行需要配置模拟器，单击"Create Virtual Device"按钮，按图 1-34 所示设置模拟器的属性。

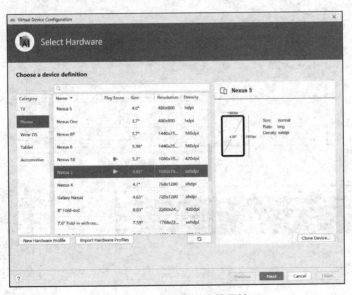

图 1-34　设置模拟器的属性

（6）单击"Next"按钮，选择相应的 System Image（映像）版本，如图 1-35 所示，如果相应版本还没有下载，则先单击"Download"按钮进行下载。注意，这里要选择 Google APIs 版本。

图 1-35　选择相应的 System Image 版本

（7）单击"Next"按钮，设置模拟器名称为 avd11，单击"Finish"按钮完成创建，如图 1-36 所示。单击图 1-37 中的 ▶（运行）按钮，启动模拟器。启动后的模拟器界面如图 1-38 所示。

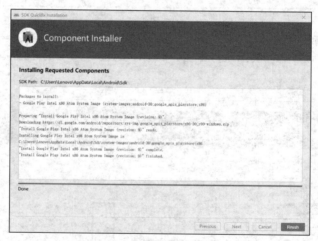

图 1-36　下载模拟器系统映像

图 1-37　启动模拟器

图 1-38　启动后的模拟器界面

（8）单击 Android Studio 工具栏中的 ▶ 按钮，运行 HelloWorld 应用，效果如图 1-22 所示。

1.5　课后练习

（1）编写一个程序，在手机上输出"欢迎参加 Android 开发，加油!"。

（2）请上网收集资料，简述 Android 应用程序开发的常用开发模式及其优缺点。

1.6　小讨论

人们常说，操作系统一头连着 CPU、内存等各种硬件，另一头连着数量庞大的软件，是软件的基座、信息产业的底座。

早在 2012 年，华为公司便成立"诺亚方舟"实验室，并开始规划自有操作系统。截至 2023 年 3 月，最新发布的鸿蒙 OS 的版本为 3.1。鸿蒙 OS 的定位是"面向万物互联时代的操作系统"，华为公司希望，通过鸿蒙 OS，将包括手机在内的智能硬件从底层连接起来，仿佛融合为一台设备——从手机、手表到家电、汽车，从智慧办公、智慧出行到智能家居、智能工厂，设备"孤岛"之间将无障碍连通，人们可以更便捷地进行操控。

作为软件行业的一名学生，如何看待华为公司推出的鸿蒙 OS？你认为鸿蒙 OS 怎样才能在未来激烈的技术和产业竞争中赢得优势？

第 2 章 Android 基本 UI 控件应用

本章概览

第 1 章介绍了 Android 平台的基本架构、开发环境,并编写了第一个应用程序 HelloWorld。本章将依托仿 QQ 应用程序 QQDemoV1 来讲解 Android 基本 UI 控件的使用。

知识图谱

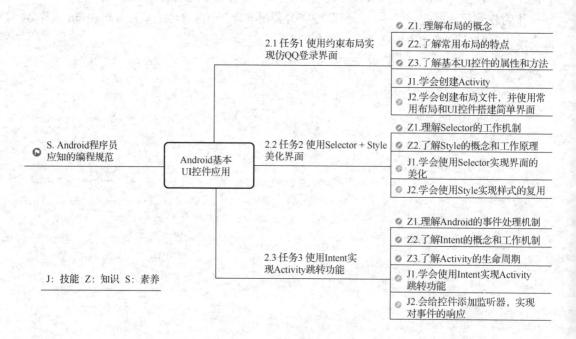

2.1 任务 1 使用约束布局实现仿 QQ 登录界面

1. 任务简介

创建 Android Studio 项目 QQDemoV1,完成登录界面的搭建,效果如图 2-1 所示。

2. 相关知识

（1）认识 Activity。

Android 应用通常包含一个以上的 Activity，每个 Activity 就相当于一个界面。

① 创建 Activity。创建 Activity 比较简单，只需继承 Activity 类即可。以下代码展示了如何创建一个新的 Activity。本书对部分关键代码做了加粗处理。

```
public class MainActivity extends Activity {
    @Override
    protected void onCreate(Bundle savedInstanceState) {
        super.onCreate(savedInstanceState);
    }
}
```

图 2-1 登录界面效果

此时，Activity 将显示一个空界面，可以将各种视图资源（View 或者 ViewGroup）填充到这个空界面中，以构建需要的界面。

② Activity 的生命周期。Activity 启动后，首先进入 onCreate()方法，通常在其中定义一些初始化操作。其次，调用 onStart()方法和 onResume()方法，表明该 Activity 启动完成并获得用户输入焦点，真正开始运行了。在运行过程中，如果用户又激活了另一个 Activity，则系统会调用第一个 Activity 的 onPause()方法，让它暂停；如果它长时间没有得到再次运行的机会，则会调用 onStop()方法，进入停止状态。当该 Activity 再次被激活时，会根据所处状态的不同调用相应的方法。Activity 的生命周期如图 2-2 所示。

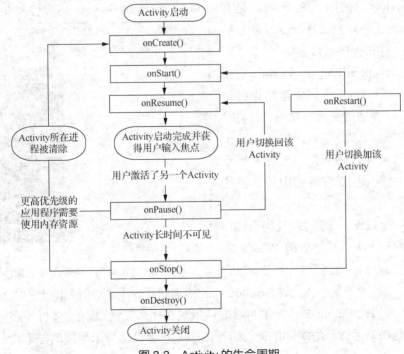

图 2-2 Activity 的生命周期

③ Activity 和 AppCompatActivity。AppCompatActivity 是 Activity 的子类，主要用于兼容 Android 5.0 之后的新特性，如 Material Color、调色板、ToolBar 等。

（2）常用的布局。

在 Android 平台上，用户界面都是由 View 和 ViewGroup 及它们的派生类组合而成的。其中，View 类是 Widgets(控件)的父类，TextView 和 Button 之类的 UI 控件都属于 Widgets。ViewGroup 类则是 Layouts（布局）的父类，它提供了诸如约束布局（ConstraintLayout）、线性布局（LinearLayout）、网格布局（GridLayout）、帧布局（FrameLayout）等多种布局架构，如图 2-3 所示。

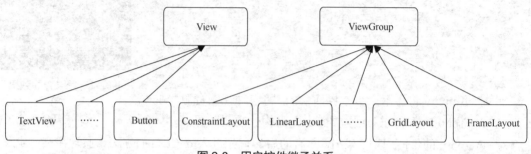

图 2-3　用户控件继承关系

在实际应用中，既可以将屏幕上显示的界面元素与构成应用程序主体的程序逻辑混合在一起进行编写，通过代码创建界面；又可以使界面显示的元素与程序逻辑分离，使用 XML 文件来描述和生成界面。

① 约束布局（ConstraintLayout）。从 Android Studio 2.3 起，ConstraintLayout 成为用户创建新 Activity 时的默认根布局，是相对布局（RelativeLayout）的替换版本。使用 ConstraintLayout 可以极大地减少复杂布局的嵌套深度，加快程序运行速度。

打开 res/layout/activity_main.xml，主操作区域中有两个类似于手机屏幕的界面，如图 2-4 所示，左边的是预览界面，右边的是蓝图界面。这两部分都可以用于编辑布局，区别是左边主要用于预览最终的界面效果，右边主要用于观察界面中各个控件的约束情况。

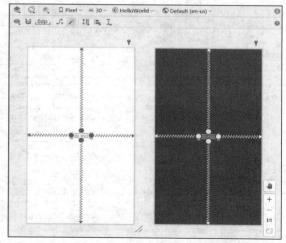

图 2-4　activity_main.xml 主操作区域

下面将一个按钮添加进去，放到"Hello World!"文本的下方。从左侧的 Palette 区域中拖曳一个 Button，放到"Hello World!"

文本的下方，如图 2-5 所示。此时，Button 已经添加到界面中了，但是由于还没有给 Button 添加任何约束，因此 Button 并不知道自己应该出现在什么位置。现在，运行界面中的 Button 的位置并不是最终运行后的实际位置，运行之后，它会自动位于界面的左上角，如图 2-6 所示。

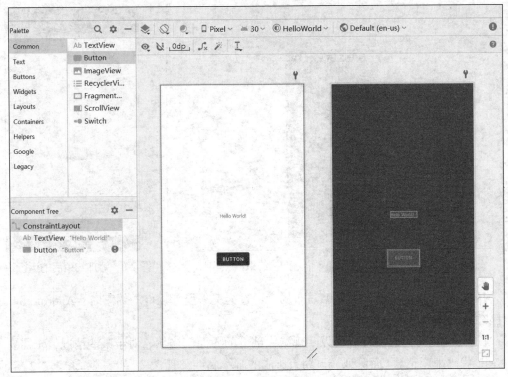

图 2-5　放入 Button

　　每个控件的约束都分为垂直和水平两类，一共可以在 4 个方向上为控件添加约束，对应控件的 4 个小圆圈，如图 2-7 所示。通过拖曳鼠标，为 Button 添加上、左、右 3 个方向的约束，其中上方约束设置为固定值 24dip，如图 2-8 所示，运行效果如图 2-9 所示。

图 2-6　未添加约束时的运行效果

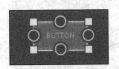

图 2-7　控件可添加约束的 4 个方向

23

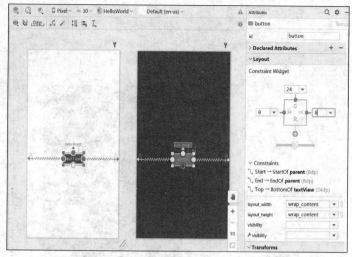 

图 2-8　为 Button 添加 3 个方向的约束　　　　图 2-9　添加约束后的运行效果

约束布局非常适用于可视化编写布局，通过拖曳来设置控件的约束时，Android Studio 会自动生成 XML 代码。

通过可视化的界面设计，可以实现绝大部分的界面。当然，对于某些情况，仍需要通过 XML 代码来调整。下面罗列一下约束布局的基本属性及其含义，如表 2-1 和表 2-2 所示。

表 2-1　描述控件之间相互位置关系的属性及其含义

属性名称	含义
layout_constraintLeft_toLeftOf	该控件的左边相对于某控件或父布局的左边对齐
layout_constraintLeft_toRightOf	该控件的左边相对于某控件或父布局的右边对齐
layout_constraintRight_toLeftOf	该控件的右边相对于某控件或父布局的左边对齐
layout_constraintRight_toRightOf	该控件的右边相对于某控件或父布局的右边对齐
layout_constraintTop_toTopOf	该控件的顶边相对于某控件或父布局的顶边对齐
layout_constraintTop_toBottomOf	该控件的顶边相对于某控件或父布局的底边对齐
layout_constraintBottom_toTopOf	该控件的底边相对于某控件或父布局的顶边对齐
layout_constraintBottom_toBottomOf	该控件的底边相对于某控件或父布局的底边对齐
layout_constraintBaseline_toBaselineOf	该控件的水平基准线相对于某控件或父布局的水平基准线对齐
layout_constraintStart_toStartOf	该控件的开始部分相对于某控件或父布局的开始部分对齐
layout_constraintStart_toEndOf	该控件的开始部分相对于某控件或父布局的结束部分对齐
layout_constraintEnd_toStartOf	该控件的结束部分相对于某控件或父布局的开始部分对齐
layout_constraintEnd_toEndOf	该控件的结束部分相对于某控件或父布局的结束部分对齐

表 2-2　描述边距的属性及其含义

属性名称	含义
layout_marginStart	设置控件与开头的距离
layout_marginEnd	设置控件与结尾的距离
layout_marginLeft	设置控件与左边的距离
layout_marginRight	设置控件与右边的距离
layout_marginTop	设置控件与顶边的距离
layout_marginBottom	设置控件与底边的距离

② 线性布局（LinearLayout）。线性布局是 Android 中常用的布局之一，它将自己包含的子元素按照一个方向排列，即按水平或竖直方向排列，通过 android:orientation 属性进行设置。其中，android:orientation = "horizontal" 表示将包含的子元素按照水平方向排列，android:orientation = "vertical"表示将包含的子元素按照竖直方向排列。线性布局的常用属性及其含义如表2-3所示。

表 2-3　线性布局的常用属性及其含义

属性名称	含义
layout_weight	用于给一个线性布局中的诸多视图的重要程度赋值。所有的视图都有一个layout_weight值，默认为0。若为其赋一个大于0的值，则父视图中的可用空间将会被分割，分割大小具体取决于每一个视图的 layout_weight 值以及相应的 layout_width 值
layout_width	用于指定组件的宽度，主要取值有两种：match_parent（宽度占满整个屏幕）、wrap_content（根据内容设置宽度）
layout_height	用于指定组件的高度，主要取值有两种：match_parent（高度占满整个屏幕）、wrap_content（根据内容设置高度）

下面通过一个简单的例子来展示线性布局的使用。参照第 1 章的相关介绍，创建名为 Ex02_layout 的项目，右键单击 res/layout 目录，在弹出的快捷菜单中选择 "New" → "XML" → "Layout XML File" 选项。系统打开 New Android Component 对话框，设置 Layout File Name 为 activity_linearlayout，Root Tag 为 LinearLayout，如图 2-10 所示。

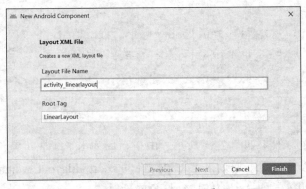

图 2-10　设置 Layout File Name 和 Root Tag

打开 activity_linearlayout.xml，依次向线性布局中加入 3 个 TextView，并分别设置 TextView 的背景色为红色、绿色、蓝色，代码如下。

```xml
<?xml version="1.0" encoding="utf-8"?>
<LinearLayout xmlns:android="http://schemas.android.com/apk/res/android"
    android:layout_width="match_parent"
    android:layout_height="match_parent"
    android:orientation="horizontal">
<TextView
        android:id="@+id/textView1"
        android:layout_width="match_parent"
        android:layout_height="match_parent"
        android:layout_weight="1"
        android:background="#FF0000" />
<TextView
        android:id="@+id/textView2"
        android:layout_width="match_parent"
        android:layout_height="match_parent"
        android:layout_weight="1"
        android:background="#00FF00" />
<TextView
        android:id="@+id/textView3"
        android:layout_width="match_parent"
        android:layout_height="match_parent"
        android:layout_weight="1"
        android:background="#0000FF" />
</LinearLayout>
```

修改 MainActivity.java 文件中的代码，加载布局文件。

```java
public class MainActivity extends AppCompatActivity {
    @Override
protected void onCreate(Bundle savedInstanceState) {
        super.onCreate(savedInstanceState);
        setContentView(R.layout.activity_linearlayout);
    }
}
```

单击 ▶ 按钮，运行效果如图 2-11 所示。由于布局为水平线性布局，所以显示的效果为 3 个 TextView 控件横向排列，通过指定每个控件的 android:layout_weight 属性值均为 1，保证 3 个控件的宽度相等，即 3 个控件均分整个屏幕。

图 2-11　LinearLayout 效果

③ 网格布局（GridLayout）。网格布局是在 Android 4.0 SDK 发布后新增的一种布局样式，GridLayout 可以实现表格化的布局效果，功能类似于 TableLayout。网格布局的常用属性及其含义如表 2-4 所示。

表 2-4　网格布局的常用属性及其含义

属性名称	含义
columnCount	设置布局的最大列数
rowCount	设置布局的最大行数
alignmentMode	设置布局的对齐方式（设为 alignBounds 表示对齐子视图边界，设为 alignMargins 表示对齐子视图边距）
layout_Gravity	设置子控件如何占据其所属网格的空间
layout_column	设置子控件在容器的第几列
layout_row	设置子控件在容器的第几行
layout_columnSpan	设置子控件横跨了几列
layout_rowSpan	设置子控件横跨了几行

在项目 Ex02_layout 的 res/layout 目录中添加布局文件 activity_gridlayout.xml，设置 Root Tag 为 GridLayout，代码如下。

```
<?xml version="1.0" encoding="utf-8"?>

<GridLayout xmlns:android="http://schemas.android.com/apk/res/android"
```

```
        android:layout_width="wrap_content"
        android:layout_height="wrap_content"
        android:layout_gravity="center"
        android:columnCount="4"
        android:orientation="horizontal" >


<Button android:text="1" />
<Button android:text="2" />
<Button android:text="3" />
<Button android:text="*" />
<Button android:text="4" />
<Button android:text="5" />
<Button android:text="6" />
<Button android:text="-" />
<Button android:text="7" />
<Button android:text="8" />
<Button android:text="9" />
<Button android:text="/" />
<Button android:text="0" />
<Button android:text="." />
<Button android:text="+/-" />
<Button android:layout_rowSpan="2" android:layout_gravity="fill"
        android:text="+" />
<Buttonandroid:layout_columnSpan="3" android:layout_gravity="fill"
        android:text="=" />
</GridLayout>
```

修改 MainActivity.java 文件中的代码，加载布局文件 activity_gridlayout.xml。

```
public class MainActivity extends AppCompatActivity {
    @Override
protected void onCreate(Bundle savedInstanceState) {
        super.onCreate(savedInstanceState);
        setContentView(R.layout.activity_gridlayout);
    }
}
```

单击 ▶ 按钮，运行效果如图 2-12 所示。在本例中，最外层的布局为网格布局，通过指定 android:columnCount="4"设置该网格每行为 4 列，并将子控件一行一行填入网格之中。设置"+"按钮控件的 android:layout_rowSpan="2"，即指定该控件横跨 2 行，通过 android:

layout_gravity="fill"指定 "+" 按钮控件填充满格子。对于 "=" 按钮控件，设置 android:
layout_column Span="3"，android:layout_gravity="fill"指定其横跨 3 列并填充满格子。
GridLayout 的布局结构如图 2-13 所示。

④ 帧布局（FrameLayout）。帧布局就是将它内部的元素一层一层地叠放在一起。这有
些类似于 Photoshop 中图层的概念。Android 按先后顺序来组织这个布局，将先声明的元素
放在第一层（最底层），再声明的放在第二层，最后声明的放在最顶层。这种布局相对比较
简单，这里不做详细说明。

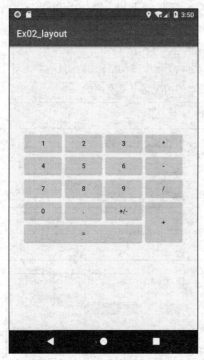

图 2-12　GridLayout 效果

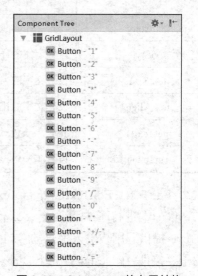

图 2-13　GridLayout 的布局结构

（3）基本 UI 控件。

View 类是 Android 中可视化控件的父类，主要提
供控件的绘制和事件处理方法。TextView、Button 等
控件均继承自 View 类，并重写了 View 类的绘制和事
件处理方法。

① TextView。TextView 继承自 View 类，用于显
示文本。TextView 本质上是一个完整的文本编辑器，
只是因为其父类设置为不可编辑，所以它通常用于显
示文本信息。在 Design 模式下，可以直接拖曳 Palette
区域中的 TextView 控件到界面中，如图 2-14 所示。而
在 Code 模式下，可以通过直接输入标签 "<TextView/>"
来，完成 TextView 控件的添加。TextView 的常用属性/方法及它们的含义如表 2-5 所示。

图 2-14　Palette 区域中的 TextView 控件

29

表 2-5　TextView 的常用属性/方法及它们的含义

属性/方法名称	含义
layout_width	设置控件的宽度，必须设置
layout_height	设置控件的高度，必须设置
text	设置 TextView 控件中显示的文字，该属性可以直接赋值，如设置 android:text="姓名"；也可以利用资源文件来进行设置，如先在 res/values/strings.xml 中输入<string name="tvText">姓名</string>，再设置 android:text="@string/tvText"，这样系统就会把 tvText 所对应的值作为 TextView 的值。而如果要把"姓名"改成"密码"，则只需要改变 res/values/strings.xml 中的值即可，不需要改动任何 Java 代码。这对于那些需要将项目移植为其他语言版本的情况是非常有用的
textColor	设置字体的颜色，如"#FF8C00"
textStyle	设置字体的样式，如 bold（粗体）、italic（斜体）等
textSize	设置文字的大小，如 20sp
textAlign	设置文字的排列方式，如 center
getText()	获取 TextView 中的文本内容
setText()	设置 TextView 中的文本内容

② EditText。EditText 继承自 TextView 类，只是对 TextView 进行了少量变更，以使其可以编辑。EditText 提供了用户输入信息的接口，是实现人机交互的重要控件。在 Design 模式下，可以直接拖曳 Palette 区域中的 EditText 控件到界面中，如图 2-15 所示。在 Code 模式下，可以通过直接输入标签"<EditText/>"来，完成 EditText 控件的添加。

注意，图 2-15 中，浅色框内的控件都是 EditText 控件，只是 inputType 取值不同，这样可以更好地适应相应场景的输入需要。inputType 部分取值的含义如表 2-6 所示。

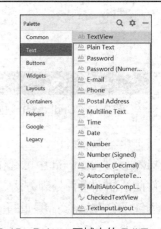

图 2-15　Palette 区域中的 EditText 控件

表 2-6　inputType 部分取值的含义

inputType 取值	含义
android:inputType=" text "	普通文本
android:inputType=" textCapCharacters "	字母大写
android:inputType=" textCapWords "	首字母大写

续表

inputType 取值	含义
android:inputType=" textCapSentences "	一句话中仅第一个单词的首字母大写
android:inputType=" textAutoComplete "	自动完成
android:inputType=" textMultiLine "	多行输入
android:inputType=" textUri "	网址
android:inputType=" textEmailAddress "	电子邮件地址
android:inputType=" textEmailSubject "	电子邮件主题
android:inputType=" textPersonName "	人名
android:inputType=" textPostalAddress "	地址
android:inputType=" textPassword "	密码
android:inputType=" textVisiblePassword "	可见密码
android:inputType=" number "	数字
android:inputType=" numberSigned "	带符号数字格式
android:inputType=" numberDecimal "	带小数点的浮点格式
android:inputType=" phone "	拨号键盘
android:inputType=" datetime "	日期时间
android:inputType=" date "	日期键盘
android:inputType=" time "	时间键盘

③ Button。Button 是最常用的控件之一，用户可以通过触摸它来触发一系列事件。Button 类继承自 TextView 类，其主要属性和方法与 TextView 基本类似，这里不再详细介绍。在 Design 模式下，可以直接拖曳 Palette 区域中的 Button 控件到界面中，如图 2-16 所示。在 Code 模式下，可以通过直接输入标签"<Button/>"来完成 Button 控件的添加。

Button 控件默认的外观为矩形，可通过设置 android:background 属性，借助 shape 和 selector 来改变按钮的形状及动态效果。这一部分将在后面介绍。

图 2-16 Palette 区域中的 Button 控件

④ ImageView。ImageView 继承自 View 类，主要用于显示图像，可以加载各种来源的图片（如资源或图片库）并提供诸如缩放和着色（渲染）等各种显示选项。在 Design 模式下，可以直接拖曳 Palette 区域中的 ImageView 控件到界面中。在 Code 模式下，可以通过直接输入标签"<ImageView/>"来完成 ImageView 控件的添加。ImageView 的常用属性/方法及它们的含义如表 2-7 所示。

表 2-7 ImageView 的常用属性/方法及它们的含义

属性/方法名称	含义
src	设置 ImageView 所显示的 Drawable 对象的 ID，对应 ImageView 的前景图片
background	对应 ImageView 的背景图片，可与 src 指定的前景图片组合
adjustViewBounds	设置是否保持宽高比。需要与 maxWidth、maxHeight 一起使用，单独使用没有效果。如果想设置图片为固定大小，又想保持图片的宽高比，则需要先设置 adjustViewBounds 为 true，再设置 MaxWidth、MaxHeight，并设置 layout_width 和 layout_height 为 wrap_content
scaleType	设置图片的填充方式，如 center（居中）等
setImageResource(int id)	设置 ImageView 显示的图片，传入参数为图片资源的 id
setImageBitmap(Bitmap bitmap)	设置 ImageView 显示的图片，传入参数为 Bitmap 对象
setImageDrawable(Drawable drawable)	设置 ImageView 显示的图片，传入参数为 Drawable 对象
setVisibility (int visibility)	设置是否显示图片，其中，visibility 是 int 型的参数，取值分别为 View.VISIBLE、View.INVISIBLE 和 View.GONE

⑤ ImageButton。ImageButton 继承自 ImageView 类。默认情况下，ImageButton 看起来像一个普通的按钮，拥有标准的背景色，并在不同状态下变更颜色。在 Design 模式下，可以直接拖曳 Palette 区域中的 ImageButton 控件到界面中。在 Code 模式下，可以通过直接输入标签"<ImageButton/>"来完成 ImageButton 控件的添加。ImageButton 与 ImageView 的属性和方法大致相同，这里不做详细介绍。注意，ImageButton 和 ImageView 不支持 android:text 属性。

⑥ CheckBox。CheckBox 继承自 CompoundButton 类，其大部分属性与 Button 类似。它是一种有双状态的特殊类型的按钮，可以表示选中或者不选中。在代码中，可以通过 isChecked()方法判断其是否选中。在 Design 模式下，可以直接拖曳 Palette 区域中的 CheckBox 控件到界面中。在 Code 模式下，可以通过直接输入标签"<CheckBox/>"来完成 CheckBox 控件的添加。

⑦ RadioButton。RadioButton 继承自 CompoundButton 类，其大部分属性与 Button 类似。它也是一种双状态的按钮，可以表示选中或者不选中，通常用于实现一组选项中的单选功能，往往与 RadioGroup 同时使用。在 Design 模式下，可以直接拖曳 Palette 区域中的 RadioButton 控件到界面中。在 Code 模式下，可以通过直接输入标签 "<RadioButton/>"来完成 RadioButton 控件的添加。

第 2 章任务 1 操作

3. 任务实施

（1）新建 Android Studio 项目。选择 Phone and Tablet 选项卡中的 Empty

Activity 选项，如图 2-17 所示。然后单击 "Next" 按钮，进入下一个界面。

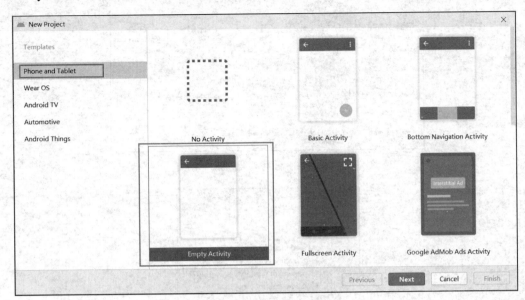

图 2-17　指定新建项目类型

（2）设置项目信息。项目名称为 QQDemoV1，包名为 cn.edu.szpt.qqdemov1，指定项目存储路径、开发语言和兼容的最低 SDK 版本，如图 2-18 所示。然后单击 "Finish" 按钮，完成项目的创建。

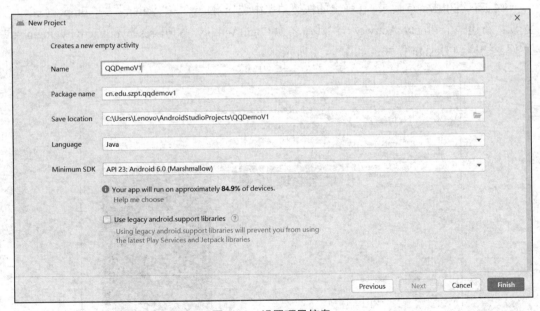

图 2-18　设置项目信息

（3）复制图 2-19 所示的全部图片，将它们粘贴到 res/drawable 目录中，如图 2-20 所示。

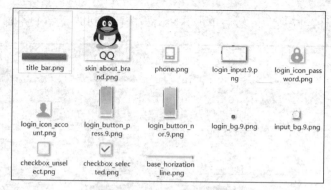

图 2-19　任务需要的图片

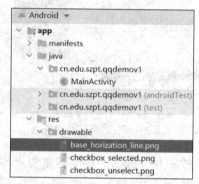

图 2-20　将图片粘贴到 drawable 目录中（部分显示）

（4）右键单击 app 目录，在弹出的快捷菜单中选择 "New" → "Activity" → "Empty Activity" 选项，新建一个 Empty Activity，将其命名为 LoginActivity。打开 res/layout/activity_login.xml 文件，切换到 Design 模式，如图 2-21 所示。

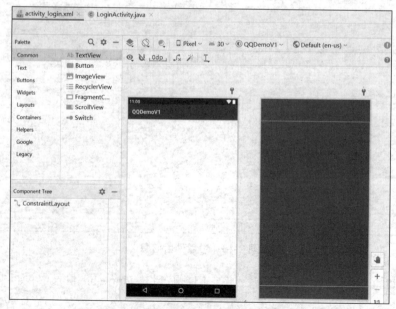

图 2-21　打开布局文件并切换到 Design 模式

（5）将 ImageView 控件拖曳到界面中，设置 src 属性为 skin_about_brand.png，id 为 imgQQ，宽度和高度均指定为 105dp，并为其添加上、左、右方向的约束，其中上方的间距为 50dp，如图 2-22 所示。

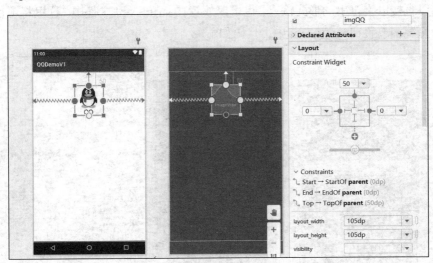

图 2-22 拖曳 ImageView 控件到界面中并设置相关属性

（6）拖曳垂直方向的 LinearLayout 到界面中并放置到 imgQQ 下方，设置高度和宽度均为 50dp（方便设置约束），然后为其添加上、左、右方向的约束，间距均为 24dp，最后修改宽度为 0dp，高度为 85dp，如图 2-23 所示。

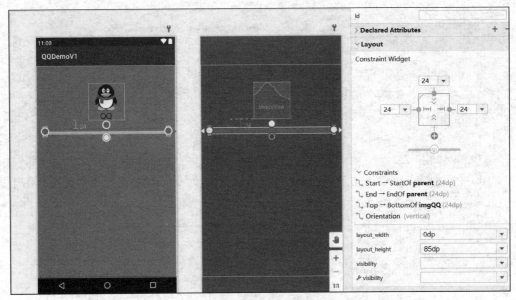

图 2-23 拖曳 LinearLayout 到界面中并设置相关属性

（7）切换到 Code 模式，为 LinearLayout 设置 background 属性，代码如下。

```
android:background="@drawable/input_bg"
```

（8）参照步骤（7）的操作，设置 ConstraintLayout 的背景图片为 login_bg.9.png。

（9）拖曳 EditText 控件到 LinearLayout 中，设置 id 为 etQQNum，并设置 hint 等相关属性，如图 2-24 所示。注意，hint 属性用于设置当文本框中没有输入内容时显示的提示信息，该信息可以直接以字符串的形式输入，也可以放置在 string.xml 文件中。这里将项目中用到的文字信息统一放置在 string.xml 中，代码如下。

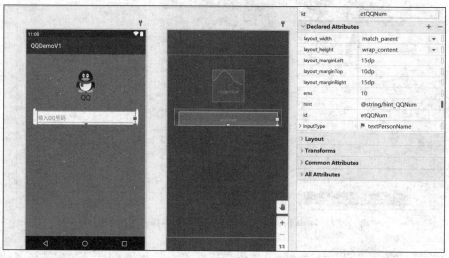

图 2-24　拖曳 EditText 控件到 LinearLayout 中并设置相关属性

```xml
<resources>
    <string name="app_name">QQDemoV1</string>
    <string name="hint_QQNum">输入 QQ 号码</string>
    <string name="hint_QQPwd">输入 QQ 密码</string>
    <string name="btn_Login">登录</string>
    <string name="chk_RememberPwd">记住密码</string>
    <string name="tv_ForgetPwd">忘记密码</string>
    <string name="tv_RegistQQ">还没有账号？立即注册>></string>
</resources>
```

（10）在 etQQNum 的下方放置 View 控件，设置 id 为 view，并设置相关属性，用于显示一条分割线，如图 2-25 所示。

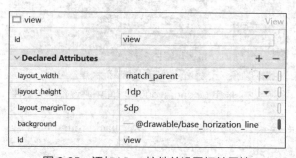

图 2-25　添加 View 控件并设置相关属性

（11）参照步骤（10）的操作，在 view 的下方放置密码输入框，设置 id 为 etQQPwd，并设置相关属性，如图 2-26 所示。

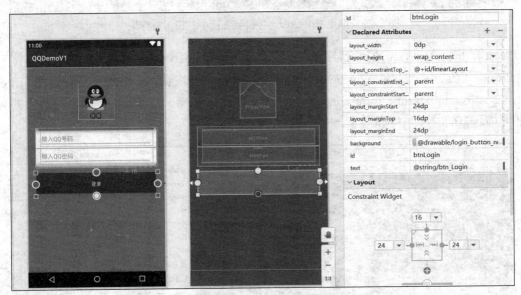

Ab etQQPwd	EditText
id	etQQPwd
⌄ Declared Attributes	+ −
layout_width	match_parent
layout_height	wrap_content
layout_marginLeft	15dp
layout_marginRight	15dp
layout_marginBottom	10dp
ems	10
hint	@string/hint_QQPwd
id	etQQPwd
⌄ inputType	textPassword

图 2-26　添加密码输入框并设置相关属性

（12）拖曳 Button 控件到界面中，并放置到 LinearLayout 的下方，设置 id 为 btnLogin，并设置相关的约束和属性，如图 2-27 所示。

图 2-27　拖曳 Button 控件到界面中并设置其约束和属性

（13）此时，可以看到设置的按钮背景图片不起作用，这是 Android Studio 新主题的问题，可以打开 res/values 目录中的 theme.xml 文件，将 DarkActionBar 改为 Bridge，如图 2-28 所示。

```
<resources xmlns:tools="http://schemas.android.com/tools">
    <!-- Base application theme. -->
    <style name="Theme.QQDemoV1" parent="Theme.MaterialComponents.DayNight.Bridge">
```

图 2-28　修改 theme.xml 文件的内容

（14）拖曳 CheckBox 控件到界面中，设置 id 为 chkRememberPwd 并设置其约束，使其位于 btnLogin 下方并与 btnLogin 左对齐，如图 2-29 所示。

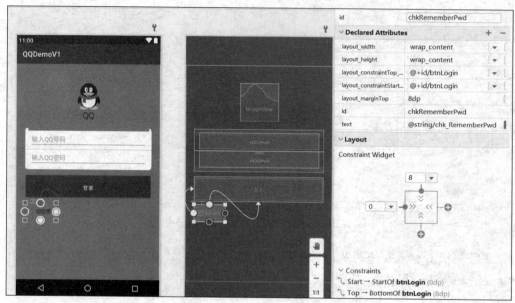

图 2-29　拖曳 CheckBox 控件到界面中并设置其约束

（15）拖曳 TextView 控件到界面中，设置 id 为 tvForgetPwd 并设置其约束，使其位于 btnLogin 下方，并与 btnLogin 右对齐，如图 2-30 所示。注意，这里通过设置属性"app: layout_constraintBaseline_toBaselineOf="@+id/chkRemeberPwd""，使 TextView 控件中的文字与 CheckBox 控件中的文字处于同一高度。

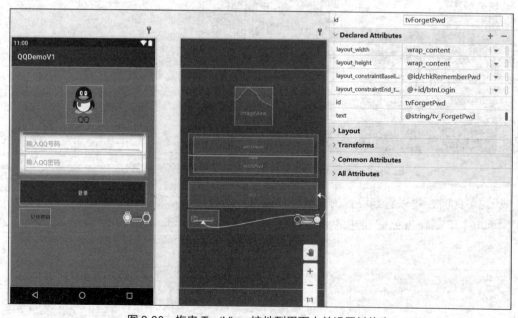

图 2-30　拖曳 TextView 控件到界面中并设置其约束

（16）拖曳 TextView 控件到界面中，设置 id 为 tvRegistQQ 并设置其约束和相关属性，如图 2-31 所示。

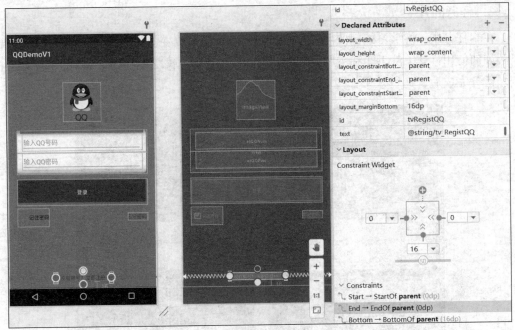

图 2-31　拖曳 TextView 控件到界面中并设置其约束和相关属性

（17）修改配置文件 AndroidManifest.xml，指定 LoginActivity 为启动 Activity，代码如图 2-32 所示。

```
<?xml version="1.0" encoding="utf-8"?>
<manifest xmlns:android="http://schemas.android.com/apk/res/android"
    package="cn.edu.szpt.qqdemov1">
    <application
        android:allowBackup="true"
        android:icon="@mipmap/ic_launcher"
        android:label="QQDemoV1"
        android:roundIcon="@mipmap/ic_launcher_round"
        android:supportsRtl="true"
        android:theme="@style/Theme.QQDemoV1">
        <activity android:name=".LoginActivity">
            <intent-filter>
                <action android:name="android.intent.action.MAIN" />
                <category android:name="android.intent.category.LAUNCHER" />
            </intent-filter>
        </activity>
        <activity android:name=".MainActivity">
        </activity>
    </application>
</manifest>
```

图 2-32　指定 LoginActivity 为启动 Activity

（18）单击工具栏中的 ▶ 按钮，运行程序，运行效果如图 2-1 所示。

2.2 任务 2 使用 Selector+Style 美化界面

1. 任务简介

在本任务中，将学习如何使用选择器（Selector）动态改变 Button 和 CheckBox 的外观，了解如何使用样式（Style）和主题（Theme）保存自定义的属性集及 Android 的事件处理机制。任务完成后，运行效果如图 2-33 所示。

图 2-33　运行效果

2. 相关知识

（1）选择器。

在 Android 中，选择器常常用于控制控件的背景。使用选择器的好处是省去了使用代码控制控件在不同的状态下变换背景颜色或图片的麻烦。根据变换的是颜色还是图片可将选择器分为两种：Color-Selector 和 Drawable-Selector。

① Color-Selector：颜色状态列表，可以和颜色一样使用，颜色会随着控件的状态而改变。

② Drawable-Selector：背景图片状态列表，可以和图片一样使用，背景图片会根据控件的状态而改变。

注意：选择器作为 drawable 资源使用时，一般放于 drawable 目录中，item 必须指定 android:drawable 属性；作为 color 资源使用时，则放于 color 目录中，item 必须指定 android:color 属性。选择器的常见状态及其含义如表 2-8 所示。

表 2-8　选择器的常见状态及其含义

状态名称	含义
state_enabled	设置触摸或点击事件是否为可用状态
state_pressed	设置是否处于按压状态
state_selected	设置是否处于选中状态，true 表示已选中，默认值为 false，表示未选中
state_checked	设置是否处于勾选状态，主要用于 CheckBox 和 RadioButton，true 表示已被勾选，默认值为 false，表示未被勾选
state_checkable	设置勾选是否处于可用状态，true 表示可勾选，false 表示不可勾选，默认值为 true
state_focused	设置是否处于获得焦点状态，true 表示获得焦点，默认值为 false，表示未获得焦点
state_window_focused	设置当前窗口是否处于获得焦点状态，true 表示获得焦点，默认值为 false，表示未获得焦点
state_activated	设置是否处于被激活状态，true 表示被激活，默认值为 false，表示未被激活
state_hovered	设置是否处于鼠标指针在上面滑动的状态，true 表示鼠标指针在上面滑动，默认值为 false

　　下面使用选择器实现当用户点击按钮时，动态改变按钮的背景图片和文字颜色的功能。首先，按照默认设置创建新项目 Ex02_improveui；其次，打开布局文件 activity_main.xml，切换到 Design 模式；最后，在界面中放置一个 Button 控件和一个 TextView 控件，如图 2-34 所示。

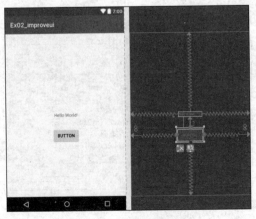

图 2-34　搭建的界面

　　右键单击 res 文件夹，在弹出的快捷菜单中选择"New"→"Android Resource File"选项，打开 New Resource File 对话框，设置 File name 为 btn_color_selector、Resource type

为 Color，如图 2-35 所示。单击“OK”按钮，将会在 res 文件夹中新增一个 color 文件夹，该文件夹下会新增一个名为 btn_color_selector.xml 的文件。

New Resource File
File name:
btn_color_selector
Resource type:
Color
Root element:
selector
Source set:
main src/main/res
Directory name:
color
Available qualifiers:
Chosen qualifiers:
Country Code
Network Code
Locale
Layout Direction
Smallest Screen Width
Screen Width
Screen Height
Size
Ratio
Orientation
>>
<<
Nothing to show
OK
Cancel

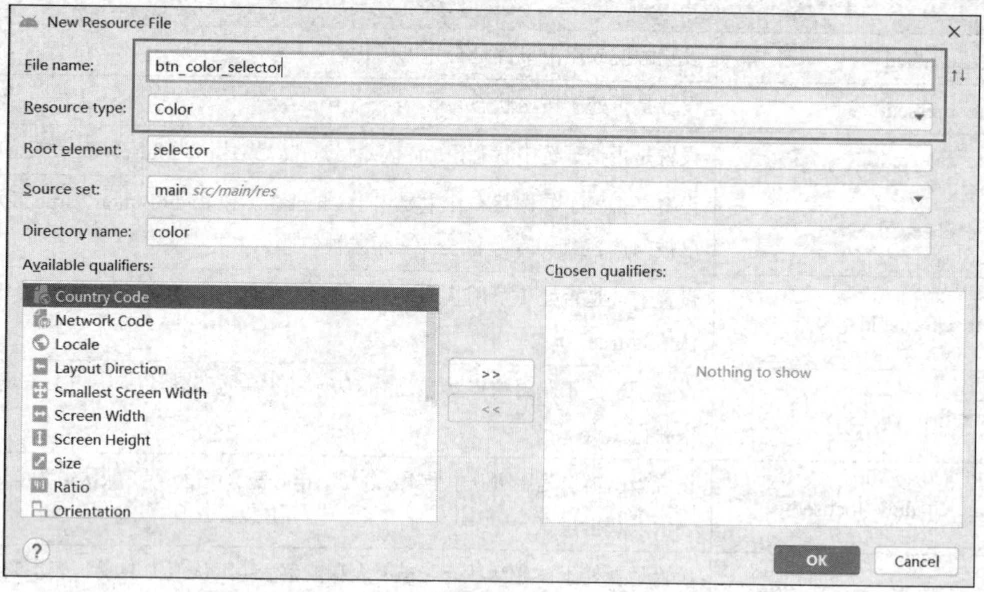

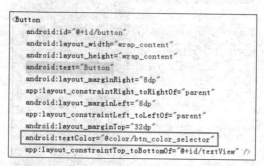

图 2-35　设置 Resource File 的信息

单击“OK”按钮，系统自动打开 btn_color_selector.xml，输入如下代码，设置当按钮处于按下状态时，显示为红色，否则显示为黑色。

```
<?xml version="1.0" encoding="utf-8"?>
<selector xmlns:android="http://schemas.android.com/apk/res/android">
<item android:color="#FF0000" android:state_pressed="true"></item>
<item android:color="#000000" ></item>
</selector>
```

在布局文件中修改 Button 的 textColor 属性，如图 2-36 的浅色方框中所示。

<Button
android:id="@+id/button"
android:layout_width="wrap_content"
android:layout_height="wrap_content"
android:text="Button"
android:layout_marginRight="8dp"
app:layout_constraintRight_toRightOf="parent"
android:layout_marginLeft="8dp"
app:layout_constraintLeft_toLeftOf="parent"
android:layout_marginTop="32dp"
android:textColor="@color/btn_color_selector"
app:layout_constraintTop_toBottomOf="@+id/textView" />

图 2-36　修改 Button 的 textColor 属性

这样就完成了按钮上文字的颜色切换。下面使用选择器完成按钮背景图片的切换。右键单击 res/drawable 节点，在弹出的快捷菜单中选择“New”→“Drawable resource file”选项，打开 New Resource File 对话框，设置 File name 为 btn_bg_selector，单击“OK”按钮，在 btn_bg_selector.xml 文件中输入如下代码。其中，login_button_press 和 login_button_nor
为两张图片。

```xml
<?xml version="1.0" encoding="utf-8"?>
<selector xmlns:android="http://schemas.android.com/apk/res/android">
<item android:state_pressed="true"
      android:drawable="@drawable/login_button_press"></item>
<item android:drawable="@drawable/login_button_nor"></item>
</selector>
```

在布局文件中修改 Button 的 background 属性，如图 2-37 的浅色方框中所示。运行效
果如图 2-38 所示。

```
Button
    android:id="@+id/button"
    android:layout_width="wrap_content"
    android:layout_height="wrap_content"
    android:text="Button"
    android:layout_marginRight="8dp"
    app:layout_constraintRight_toRightOf="parent"
    android:layout_marginLeft="8dp"
    app:layout_constraintLeft_toLeftOf="parent"
    android:layout_marginTop="32dp"
    android:background="@drawable/btn_bg_selector"
    android:textColor="@color/btn_color_selector"
    app:layout_constraintTop_toBottomOf="@+id/textView" />
```

图 2-37　修改 Button 的 background 属性

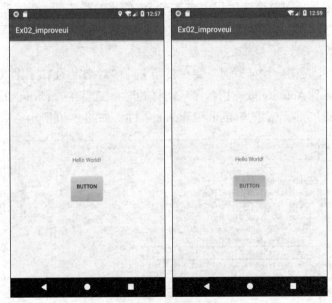

图 2-38　运行效果

（2）样式与主题。

① 样式。样式是指为 View 或 Activity 指定外观和格式的属性集合。Android 中样式是
以 XML 文件的形式定义的，可以指定高度、填充、字体颜色、字号、背景色等多种属性。

其与网页设计中层叠样式表的原理类似，通过样式可以将设计与内容有效分离。

要创建一组样式，可以打开 res/values 目录下的 themes.xml 文件，也可以在该目录下新建一个 XML 文件。例如，可以把前面的按钮显示效果定义为样式，代码如下。

```
<style name="BtnStyle" >
    <item name="android:background">@drawable/btn_bg_selector</item>
    <item name="android:textColor">@color/btn_color_selector</item>
</style>
```

这样，对于相同效果的按钮，只需指定 style 属性即可，如图 2-39 所示。

```
<Button
    android:id="@+id/button"
    android:layout_width="wrap_content"
    android:layout_height="wrap_content"
    android:text="Button"
    android:layout_marginRight="8dp"
    app:layout_constraintRight_toRightOf="parent"
    android:layout_marginLeft="8dp"
    app:layout_constraintLeft_toLeftOf="parent"
    android:layout_marginTop="32dp"
    style="@style/BtnStyle"
    app:layout_constraintTop_toBottomOf="@+id/textView" />
```

图 2-39 使用样式修改 Button 的属性

此外，样式还可以继承，通过 parent 属性指定继承的样式即可。

```
<style name="AppTheme" parent="Theme.AppCompat.Light.DarkActionBar">
```

② 主题。主题是指对整个应用程序或 Activity 使用的样式，而不是对单个 UI 控件（如 Button）应用的样式。以主题形式应用样式时，Activity 或应用程序中的每个视图都将应用其支持的各样式属性。

注意：当对单个视图应用样式时，要在布局文件中对指定的 UI 控件（如 Button）添加 style 属性；而对整个 Activity 或应用程序应用样式时，需要在 AndroidManifest.xml 文件中为 activity 或 application 元素添加 android:theme 属性，如图 2-40 所示。

```
<manifest xmlns:android="http://schemas.android.com/apk/res/android"
    package="cn.edu.szpt.ex02_improveui">

    <application
        android:allowBackup="true"
        android:icon="@mipmap/ic_launcher"
        android:label="Ex02_improveui"
        android:roundIcon="@mipmap/ic_launcher_round"
        android:supportsRtl="true"
        android:theme="@style/AppTheme">
        <activity android:name=".MainActivity" >
            <intent-filter>
                <action android:name="android.intent.action.MAIN" />

                <category android:name="android.intent.category.LAUNCHER" />
            </intent-filter>
        </activity>
    </application>

</manifest>
```

图 2-40 为整个应用程序设置主题

（3）Android 事件处理机制。

在 Android 中，使用事件来描述用户界面的操作行为，对于事件的处理主要采用基于监听的事件处理方式。所谓事件监听，就是事件源本身不对事件进行处理，而是将事件委托给事件监听器来处理。通常做法是为控件设置特定的事件监听器，在事件监听器的方法中编写事件处理代码。事件监听的基本工作过程如图 2-41 所示。

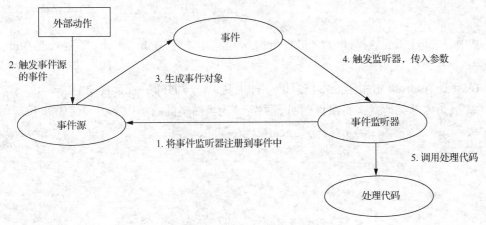

图 2-41　事件监听的基本工作过程

这里主要有 3 个参与对象，分别是事件源（事件发生的来源，如按钮、菜单、窗口等各个 UI 控件）、事件（UI 控件上面的事件源发生的特定的事件，如按钮上的一次点击）和事件监听器（监听事件源发生的事件，并对被监听的事件做出相应的响应）。

事件监听的基本开发步骤如下。

① 获取普通 UI 控件（事件源），即被监听的对象。

② 实现事件监听器类，该监听器类是一个特殊的 Java 类，必须实现一个 XxxListener 接口。

③ 调用事件源的 setXxxListener 方法，将事件监听器对象作为传入参数注册给普通控件（事件源）。

下面为 Ex02_improveui 项目中的按钮添加事件监听器，当该按钮被点击后，弹出 "Hello" 文本。事件监听器的实现方式主要有以下 3 种。

① 内部匿名类形式：使用内部匿名类创建事件监听器对象，代码如下。

```java
public class MainActivity extends AppCompatActivity {
    private Button btn;
    @Override
    protected void onCreate(Bundle savedInstanceState) {
    super.onCreate(savedInstanceState);
        setContentView(R.layout.activity_main);
    btn = findViewById(R.id.button);
    btn.setOnClickListener(new View.OnClickListener() {
```

```
        @Override
    public void onClick(View v) {
        Toast.makeText(MainActivity.this,"Hello",Toast.LENGTH_LONG).show();
            }
        });
    }
}
```

其中，"btn = findViewById(R.id.button);" 语句用于在 MainActivity 类中获取 Button 的实例。

Toast 是 Android 中用于显示信息的一种机制，一段时间后就会自动消失。

② 成员内部类形式：将事件监听器类定义为当前类的成员内部类，代码如下。

```
public class MainActivity extends AppCompatActivity {
    private Button btn;

    @Override
    protected void onCreate(Bundle savedInstanceState) {
    super.onCreate(savedInstanceState);
        setContentView(R.layout.activity_main);
        btn = findViewById(R.id.button);
        MyListener listener = new MyListener();
        btn.setOnClickListener(listener);
        }
    class MyListener implements View.OnClickListener{
    @Override
    public void onClick(View v) {
        Toast.makeText(MainActivity.this,"Hello",Toast.LENGTH_LONG).show();
            }
        }
}
```

一般来说，这种形式多用在多个控件共用一个监听器的情况下，处理程序时，需要通过 id 来判断是哪个对象触发的事件。

③ 类自身作为事件监听器接口：使 Activity 本身作为监听器，并实现事件处理方法，代码如下。

```
public class MainActivity extends AppCompatActivity implements
View.OnClickListener {
    private Button btn;

    @Override
```

```java
protected void onCreate(Bundle savedInstanceState) {
super.onCreate(savedInstanceState);
    setContentView(R.layout.activity_main);
    btn = findViewById(R.id.button);
    btn.setOnClickListener(this);
    }


@Override
public void onClick(View v) {
    Toast.makeText(MainActivity.this,"Hello",Toast.LENGTH_LONG).show();
    }

}
```

3. 任务实施

第 2 章任务 2 操作

（1）打开 QQDemoV1 项目，参照有关选择器的介绍，在 res/drawable 目录下添加 btn_login_bg_selector.xml 选择器，当点击按钮时，实现背景的切换，代码如下。

```xml
<?xml version="1.0" encoding="utf-8"?>
    <selector xmlns:android="http://schemas.android.com/apk/res/android">
    <item android:drawable="@drawable/login_button_press"
    android:state_pressed="true" />
    <item android:drawable="@drawable/login_button_nor"/>
    </selector>
```

在布局文件 activity_login.xml 中，修改 Button 控件（btnLogin）的 background 属性，代码如下。

```xml
android:background="@drawable/btn_login_bg_selector"
```

（2）修改 CheckBox 的外观。参照有关选择器的介绍，在 res/drawable 目录下添加 chk_button_selector.xml 选择器，代码如下。

```xml
<?xml version="1.0" encoding="utf-8"?>
    <selector xmlns:android="http://schemas.android.com/apk/res/android">
    <item android:state_checked="true"
    android:drawable="@drawable/checkbox_selected"/>
    <item android:drawable="@drawable/checkbox_unselect"/>
    </selector>
```

在布局文件 activity_login.xml 中，修改 CheckBox 控件（chkRememberPwd）的相关属性，代码如下。

```xml
android:button="@null"
```

```
android:drawableLeft="@drawable/chk_button_selector"
android:textColor="#FFFFFF"
```

（3）考虑到复用性，这里将这些属性定义为 style。参照样式的相关介绍，打开 res/values 目录下的 themes.xml 文件，添加自定义样式，代码如下。

```
<style name="MyCheckBox">
  <item name="android:button">@null</item>
  <item name="android:textColor">#FFFFFF</item>
  <item name="android:drawableLeft">@drawable/chk_button_selector</item>
</style>
```

在布局文件 activity_login.xml 中，修改 CheckBox 控件（chkRememberPwd）的相关属性，代码如下。

```
<CheckBox
        android:id="@+id/chkRememberPwd"
        style="@style/MyCheckBox"
        android:layout_width="wrap_content"
        android:layout_height="wrap_content"
        android:layout_marginTop="8dp"
        android:text="@string/chk_RememberPwd"
        app:layout_constraintLeft_toLeftOf="@+id/btnLogin"
        app:layout_constraintTop_toBottomOf="@+id/btnLogin" />
```

（4）修改 TextView 的外观，参照有关选择器的介绍，打开 New Resource File 对话框，设置 Resource type 为 Color、File name 为 textview_button_selector，在 textview_button_selector.xml 文件中输入如下代码。

```
<?xml version="1.0" encoding="utf-8"?>
    <selector xmlns:android="http://schemas.android.com/apk/res/android">
    <item android:color="#C0C0C0"
    android:state_pressed="true"></item>
    <item android:color="#FFFFFF" ></item>
    </selector>
```

参照样式的相关介绍，打开 res/values 目录下的 themes.xml 文件，添加自定义样式，代码如下。

```
<style name="MyTv_Btn">
  <item name="android:textColor">@color/textview_button_selector</item>
</style>
```

在布局文件 activity_login.xml 中，设置 TextView 控件（tvForgetPwd 和 tvRegistQQ）的 style 属性，代码如下。

```
style="@style/MyTv_Btn"
```

运行程序，发现当用户点击"忘记密码"或者"还没有账号？立即注册>>"文字时，文字的颜色并不会发生变化。因此需要将 TextView 控件的 android:clickable 属性设置为 true，这里将这个属性设置到 style 中，代码如下。

```
<style name="MyTv_Btn">
    <item name="android:textColor">@color/textview_button_selector</item>
    <item name="android:clickable">true</item>
</style>
```

（5）单击工具栏中的 ▶ 按钮，运行程序，运行效果如图 2-42 所示。

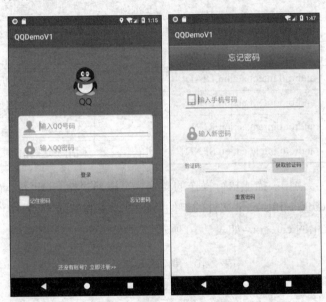

图 2-42　程序的运行效果

2.3　任务 3　使用 Intent 实现 Activity 跳转功能

1. 任务简介

在本任务中，将实现"忘记密码"功能，即当用户点击"忘记密码"文字时，跳转到"忘记密码"界面。这里主要涉及 Activity、Intent 和事件监听等相关知识。程序的运行效果如图 2-42 所示。

2. 相关知识

意图（Intent）是一种运行时绑定机制，它能在程序运行过程中连接两个不同的组件。通过 Intent，程序可以向 Android 表达某种请求或者意愿，Android 会根据意愿的内容选择适当的组件来完成请求，使实现者和调用者完全解耦。

意图的主要属性如下。

（1）component（组件）：指明了将要处理的组件（如 Activity、Service 等），所有的组件信息都被封装在 ComponentName 对象中，这些组件都必须在 AndroidManifest.xml 文件的 application 节中注册。

（2）action（动作）：设置该 Intent 会触发的操作类型，可以通过 setAction()方法设置，也可以在 AndroidManifest.xml 文件的组件节点的<intent-filter>标签中指定。action 用于标识该组件所能接收的"动作"。Android 系统预先定义了一些常用 action，如表 2-9 所示。此外，用户也可以自定义 action，用于描述一个 Android 应用程序组件。实际上，action 就是一个定义好的字符串，一个<intent-filter>标签可以包含多个 action。

表 2-9　Android 系统预先定义的常用 action

action 名称	AndroidManifest.xml 中的配置名称	描述
ACTION_MAIN	android.intent.action.MAIN	作为一个程序的入口
ACTION_VIEW	android.intent.action.VIEW	用于数据的显示
ACTION_DIAL	android.intent.action.DIAL	调用电话拨号程序
ACTION_EDIT	android.intent.action.EDIT	用于编辑给定的数据
ACTION_RUN	android.intent.action.RUN	运行数据
ACTION_SEND	android.intent.action.SEND	调用发送短信程序

（3）category（类别）：描述执行操作的类别，可以通过 addCategory()方法设置多个类别，也可以在 AndroidManifest.xml 文件的组件节点的<intent-filter>标签中作为<intent- filter>子元素来声明。常用的 category 如表 2-10 所示。

表 2-10　常用的 category

category 名称	AndroidManifest.xml 中的配置名称	描述
CATEGORY_LAUNCHER	android.intent.category.LAUNCHER	显示在应用程序列表中
CATEGORY_HOME	android.intent.category.HOME	显示为主页
CATEGORY_BROWSABLE	android.intent.category.BROWSABLE	显示一张图片或一条信息
CATEGORY_DEFAULT	android.intent.category.DEFAULT	设置一个操作的默认执行

（4）data（数据）：描述 Intent 所操作数据的 URI 及类型，可以通过 setData()方法进行设置，不同的操作对应不同的 data。常用的 data 如表 2-11 所示。

表 2-11　常用的 data

操作类型	data 格式
浏览网页	http://网页地址
拨打电话	tel:电话号码
发送短信	smsto:短信接收人号码
查找 SD 卡文件	file:///sdcard/文件或目录
显示地图	geo:坐标，坐标

（5）type（数据类型）：指定要传送数据的 MIME 类型，可以直接通过 setType()方法进行设置。

（6）extras（扩展信息）：传递的是一组键值对，可以使用 pubExtra()方法进行设置，主要功能是传递数据需要的一些额外的操作信息。

下面将通过几个简单的例子来展示 Intent 的常见应用。

（1）使用 Intent 打开 Activity。

```java
button1.setOnClickListener(new OnClickListener() {
        @Override
        public void onClick(View v) {
            //创建一个意图对象
            Intent intent = new Intent();
            //创建组件，通过组件来响应
            ComponentName component = new ComponentName(
MainActivity.this, SecondActivity.class);
            intent.setComponent(component);
            startActivity(intent);
        }
    });
```

当然，也可以将 onClick()方法中的代码简化为如下语句。

```java
Intent intent = new Intent(MainActivity.this,SecondActivity.class);
startActivity(intent);
```

注意，SecondActivity 需要在 AndroidManifest.xml 文件中进行注册。

```xml
<application android:allowBackup="true" android:icon="@mipmap/ic_launcher"
    android:label="@string/app_name"
        android:roundIcon="@mipmap/ic_launcher_round"
    android:supportsRtl="true" android:theme="@style/AppTheme">
    <activity android:name=".MainActivity" android:exported="true">
        <intent-filter>
            <action android:name="android.intent.action.MAIN" />
            <category android:name="android.intent.category.LAUNCHER" />
        </intent-filter>
    </activity>
    <activity android:name=".SecondActivity" android:exported="true">
    </activity>
    </application>
```

（2）使用 Intent 打开网页。

```java
button1.setOnClickListener(new OnClickListener() {
```

```
        @Override
        public void onClick(View v) {
            Intent intent = new Intent();
            intent.setAction(Intent.ACTION_VIEW);
            Uri data = Uri.parse("http://www.baidu.com");
            intent.setData(data);
            startActivity(intent);
        }
    });
```

（3）使用 Intent 拨号。

```
button1.setOnClickListener(new OnClickListener() {
        @Override
        public void onClick(View v) {
            Intent intent = new Intent(Intent.ACTION_DIAL);
            intent.setData(Uri.parse("tel:10086"));
            startActivity(intent);
        }
    });
```

3. 任务实施

第 2 章任务 3 操作

（1）打开 QQDemoV1 项目，在 cn.edu.szpt.qqdemov1 包上单击鼠标右键，在弹出的快捷菜单中选择 "New" → "Activity" → "Empty Activity" 选项，系统打开新建 Activity 对话框，设置 Activity Name 为 ForgetPwdActivity，单击 "Finish" 按钮，系统会自动创建 ForgetPwdActivity.java、activity_ forget_pwd.xml 文件，同时，在 AndroidManifest.xml 文件中自动添加该 Activity 的注册信息。

（2）打开 res/values 目录下的 strings.xml 文件，添加 ForgetPwdActivity 需要的文本资源，代码如下。

```
<string name="title_ForgetPwd">忘记密码</string>
<string name="hint_PhoneNum">输入手机号码</string>
<string name="hint_NewPwd">输入新密码</string>
<string name="btn_GetValidNum">获取验证码</string>
<string name="tv_ValidNum">验证码:</string>
<string name="btn_ResetPwd">重置密码</string>
```

（3）打开 res/layout/目录下的布局文件 activity_forget_pwd.xml，切换到 Design 模式，参照图 2-42，将相关的控件拖曳到布局界面中，并设置相关属性，完成界面的设计。相关控件的名称如图 2-43 所示。

图 2-43　相关控件的名称

（4）切换到 LoginActivity.java 文件，为 tvForgetPwd 控件添加 OnClickListener 监听器，代码如下。

```
public class LoginActivity extends AppCompatActivity {
    private TextView tvForgetPwd;
    private TextView tvRegistQQ;
        @Override
    protected void onCreate(Bundle savedInstanceState) {
    super.onCreate(savedInstanceState);
        setContentView(R.layout.activity_login);
    tvForgetPwd = (TextView) findViewById(R.id.tvForgetPwd);
    tvForgetPwd.setOnClickListener(new View.OnClickListener() {
      @Override
      public void onClick(View v) {

      }
    });
    tvRegistQQ = (TextView) findViewById(R.id.tvRegistQQ);
    tvRegistQQ.setOnClickListener(null);
        }
    }
```

（5）在 onClick(View v)方法中添加如下代码，实现跳转到 ForgetPwdActivity 功能。

```
Intent intent=new Intent(LoginActivity.this,ForgetPwdActivity.class);
startActivity(intent);
```

（6）单击工具栏中的 ▶ 按钮，运行程序，运行效果如图 2-42 所示。

2.4　课后练习

（1）在项目中添加注册界面 RegistActivity，实现界面布局，并完成从登录界面跳转到注册界面的功能，如图 2-44 所示。

图 2-44　注册界面及跳转功能的实现

　　（2）在注册界面中，实现当用户输入注册信息，点击"注册"按钮后，使用 Toast 显示输入的信息，如图 2-45 所示。

图 2-45　点击"注册"按钮后使用 Toast 显示输入的信息

2.5　小讨论

　　良好的编程规范可以提高代码的可读性、稳定性、安全性和可维护性，编程是否规范也是评价一名程序员是否合格的重要指标。编程规范主要包括命名规范、格式规范、逻辑规范、注释规范以及其他规范等。请结合本章中的任务代码，谈一谈在编程规范方面有哪些应该注意的细节，并总结一下作为 Android 程序员应该注意哪些编程规范。

第 **3** 章　Android 高级 UI 控件应用

本章概览

　　第 2 章介绍了基本 UI 控件的应用，这些控件功能单一、使用简单，能够满足简单界面的需求，但对于一些较为复杂的需求，如显示消息列表、新闻列表等，这些控件就无能为力了。此时，就需要用到一些高级 UI 控件，如 ListView、ExpandableListView、RecyclerView 等。这些控件需要使用适配器来实现数据和界面的绑定。因此，人们也将它们称为适配器控件。本章将以 QQDemoV2 为例重点讲解常用适配器控件的使用，并根据项目实现的需要，补充介绍有关自定义控件、Fragment 的内容。

知识图谱

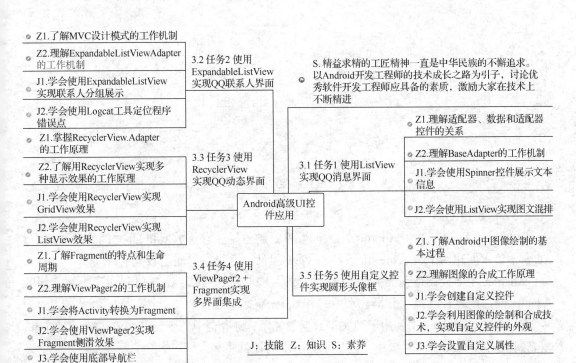

3.1 任务 1 使用 ListView 实现 QQ 消息界面

1. 任务简介

本任务使用高级 UI 控件 ListView 搭建 QQ 消息界面，如图 3-1 所示。

2. 相关知识

（1）认识适配器控件。

适配器控件（AdapterView）继承自 ViewGroup 类，需要通过特定的适配器将其中的子控件与特定数据绑定起来，并以合适的方式显示和操作。常用的适配器控件有 Spinner、ListView、GridView、Gallery 和 ViewPager2 等。适配器控件的工作过程基本上遵循模型-视图-控制器（Model-View-Controller，MVC）思想，其中适配器控件类似于视图，主要呈现的是框架（如下拉列表、网格等），适配器对象就是控制器，主要控制框架中多个控件的显示内容和显示样式，其中模型以集合类数据对象（如数组、链表、数据库等）的形式存在，适配器控件的工作过程如图 3-2 所示。

图 3-1　QQ 消息界面

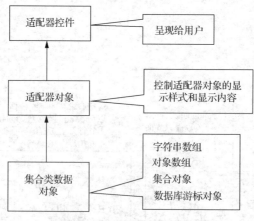

图 3-2　适配器控件的工作过程

（2）认识适配器。

适配器（Adapter）在 Android 中占据着重要的位置，它是数据和 UI 之间的重要纽带。Adapter 负责创建用于表示每一个条目的 View 组件，并提供对底层数据的访问。

Adapter 主要控制适配器控件上显示的数据及其显示方式，Android 提供了一些常用的 Adapter 向适配器控件提供数据，常用的 Adapter 有以下几种。

① ArrayAdapter：主要用于纯文本数据的显示，将集合中每个元素的值转换为字符串，填充到不同的 TextView 对象中，并显示到适配器控件中。

② SimpleAdapter：用于绑定格式复杂的数据，数据源一般是特定泛型的集合，将集合对象中单个对象中的不同数据项填充到多个不同控件中，并显示到适配器控件中。

③ CursorAdapter：用于将内容提供者返回的游标对象与 View 对象进行绑定，将游标对象中的不同数据项填充到多个不同控件中，并显示到适配器控件中。

④ BaseAdapter：它是以上适配器类的公共基类，可以实现以上适配器的所有功能，且可以通过自定义 Adapter 来定制每个条目的外观和功能，具有较高的灵活性。BaseAdapter 的直接子类包括 ArrayAdapter、CursorAdapter 和 SimpleAdapter。Adapter 的相关类图如图 3-3 所示。

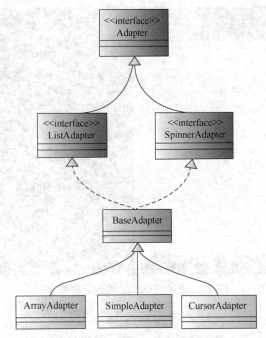

图 3-3　Adapter 的相关类图

（3）Spinner 的使用。

Spinner（下拉列表控件）可以将多个 View 组件以下拉列表的形式组织起来。它的数据来源于与之关联的适配器，可通过对下拉事件和下拉点击事件进行监听来处理不同的情况，Spinner 的类图如图 3-4 所示。

图 3-4　Spinner 的类图

Spinner 的常用属性和对应方法如下。

① dropDownWidth：设置下拉列表的宽度，对应方法为 setDropDownWidth(int)。

② gravity：定位当前选中项的 View 对象的相对位置，对应方法为 setGravity(int)。

③ popupBackground：设置 Spinner 的下拉列表的背景图片，对应方法为 setPopup BackgroundResource(int)。

Spinner 的常用事件如下。

下拉选中事件：当用户下拉选中某一选项时触发，需要注册事件监听器。

下面通过一个简单的例子来演示如何利用 Spinner 结合 ArrayAdapter 实现下拉选中。

① 新建 Android Studio 项目，项目名为 Ex03_spinner，打开布局文件 activity_ main.xml，拖曳 Spinner 控件到界面中，并将其命名为 spinner，如图 3-5 所示。

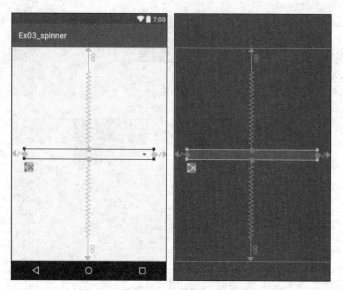

图 3-5　拖曳 Spinner 控件到界面中

② 切换到 MainActivity.java 文件，为 Spinner 控件设置 Adapter，代码如下。

```java
public class MainActivity extends AppCompatActivity {
private Spinner spinner;
private String[] countries={"测试 1","测试 2","测试 3","测试 4","测试 5"};


    @Override
protected void onCreate(Bundle savedInstanceState) {
        super.onCreate(savedInstanceState);
        setContentView(R.layout.activity_main);
        spinner = (Spinner) findViewById(R.id.spinner);
        ArrayAdapter<String> adapter = new ArrayAdapter<String>(this,
                R.layout.support_simple_spinner_dropdown_item,countries);
        spinner.setAdapter(adapter);
    }
}
```

其中，下拉列表中显示的数据来自字符串数组 countries，而显示的布局效果由 R.layout. support_simple_spinner_dropdown_item 指定。该布局是系统自带的，开发者也可以用自己设计的布局取代它。下拉列表的显示效果如图 3-6 所示。

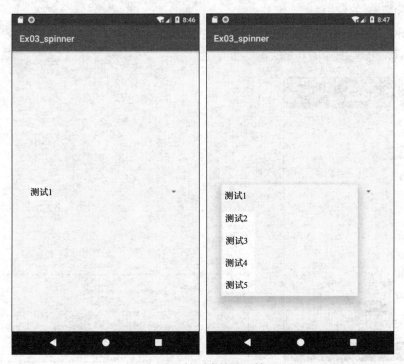

图 3-6　下拉列表的显示效果

③ 添加监听器，使下拉列表 spinner 响应用户的选择操作，在 onCreate()方法的最后添加代码，实现当用户选择了某个测试项后，系统通过 Toast 显示相应的信息，效果如图 3-7 所示。

```java
protected void onCreate(Bundle savedInstanceState) {
//此处省略部分代码
spinner.setOnItemSelectedListener(new AdapterView.OnItemSelectedListener() {

    @Override
    public void onItemSelected(AdapterView<?> parent, View view,
                        int position, long id) {
      Toast.makeText(MainActivity.this,countries[position] ,
        Toast.LENGTH_LONG).show();
        }


    @Override
    public void onNothingSelected(AdapterView<?> parent) {
```

```
            }
        });
    }
```

（4）ListView 的使用。

ListView 可以将一些零散的控件以列表的形式组织起来，并为其中的列表项添加事件监听。ListView 的类图如图 3-8 所示。

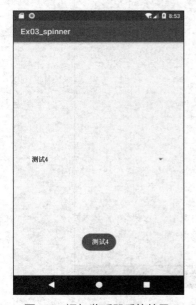

图 3-7　添加监听器后的效果　　　　　图 3-8　ListView 的类图

ListView 的主要属性如下。

① divider：设置列表中各项之间的分隔条的颜色或者图片。

② dividerHeight：设置分隔条的高度。

ListView 设置事件监听器的方法如下。

① setOnClickListener(View.OnClickListener listener)：注册监听器，监听 ListView 被单击的事件。

② setOnItemClickListener(AdapterView.OnItemClickListener listener)：注册监听器，监听 ListView 中的某个 View 项被点击的事件。

③ setOnItemLongClickListener(AdapterView.OnItemLongClickListener listener)：注册监听器，监听 ListView 中的某个 View 项被长按的事件。

④ setOnItemSelectedListener(AdapterView.OnItemSelectedListener listener)：注册监听器，监听 ListView 中的某个 View 项被选中的事件。

下面通过一个简单的例子来演示如何使用 ListView 结合 SimpleAdapter 实现图文混排。

① 新建 Android Studio 项目，项目名为 Ex03_listview，打开布局文件 activity_main.xml，拖曳 ListView 控件到界面中，并将其命名为 lv，如图 3-9 所示。

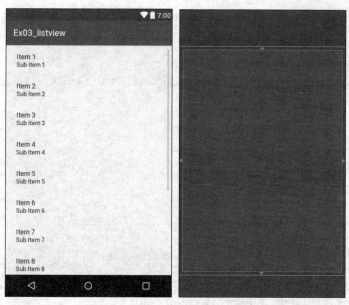

图 3-9   拖曳 ListView 控件到界面中

② 在 res/layout 目录下新建显示条目的布局文件 item_layout.xml，其效果如图 3-10 所示。

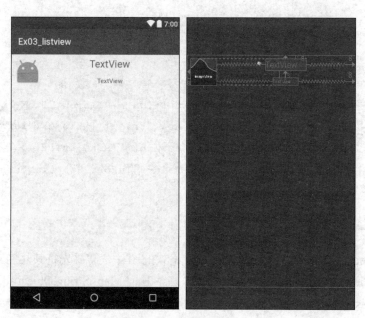

图 3-10   条目布局效果

③ 切换到 MainActivity.java 文件，由于条目为图文混排，因此不能简单地使用 ArrayAdapter 来实现，而需要采用 SimpleAdapter 或者 BaseAdapter。这里采用 SimpleAdapter 来实现，代码如下。

```java
public class MainActivity extends AppCompatActivity {
    private ListView lv;
```

```
private String[] title=new String[]{"测试信息1","测试信息2","测试信息3"};
private String[] inform=new String[]{"Google Test1","Google Test2",
                                     "Google Test3"};
private int[] imgs={R.drawable.select1,R.drawable.select2,R.drawable.
select3};


@Override
protected void onCreate(Bundle savedInstanceState) {
super.onCreate(savedInstanceState);
setContentView(R.layout.activity_main);
lv = (ListView) findViewById(R.id.lv);
    List<HashMap<String,Object>>data= new
                              ArrayList<HashMap<String,Object>>();
    for(int i=0;i<3;i++) {
        HashMap<String, Object> hashMap = new HashMap<>();
        hashMap.put("title", title[i]);
        hashMap.put("inform", inform[i]);
        hashMap.put("img", imgs[i]);
        data.add(hashMap);
    }
    SimpleAdapter adapter = new SimpleAdapter(
                            this,data,R.layout.item_layout,
                            new String[]{"title","inform","img"},
                            new int[]{R.id.tvTitle,
                            R.id.tvInform,R.id.imgIcon});
    lv.setAdapter(adapter);
    }
}
```

其中，select1、select2、select3 为 PNG 格式的图片，需要先将其复制到 res/drawable
目录下。ListView 中的 Model 数据存储在 "List<HashMap<String,Object>>data" 中，data
是一个含有 HashMap 的集合对象，每个对象都含有多个键值对，每个 HashMap 对应 Model
中的一条数据。for 循环模拟产生了 3 条数据，每条数据使用一个 HashMap 存储，将多个
HashMap 放到一个 ArrayList 集合中，作为 ListView 的 Model 数据。

在创建 SimpleAdapter 对象的语句中，R.layout.item_layout 表示 ListView 中某一行的布
局文件；"new String[]{ " title " , " inform " , " img " }" 参数表示取一个 HashMap 对应的键
值；"new int[]{R.id.tvTitle,R.id.tvInform,R.id.imgIcon}" 参数表示 item_layout 布局对应的控
件 ID，这样就实现了 HashMap 中的键与布局文件中控件 ID 的映射关系。

SimpleAdapter 以 item_layout 作为布局样式,依次取出 data 中的数据,按照键值的数组(字符串数组)和控件 ID 数组(整型数组)的对应关系,产生 View 对象并放入适配器控件。Ex03_listview 的运行效果如图 3-11 所示。

3. 任务实施

(1)将项目名 QQDemoV1 修改为 QQDemoV2。找到 QQDemoV1 项目所在的文件夹,将其重命名为 QQDemoV2,打开 Android Studio,选择 "File" → "Open"

第 3 章任务 1 操作

选项,打开 QQDemoV2 项目。选择 "Refactor" → "Rename" 选项,将包名修改为 cn.edu.szpt.qqdemov2。完成后,找到模块级文件 build.gradle 中的 applicationId,手动将其修改为 cn.edu.szpt.qqdemov2,如图 3-12 方框中的代码所示。

图 3-11　Ex03_listview 的运行效果

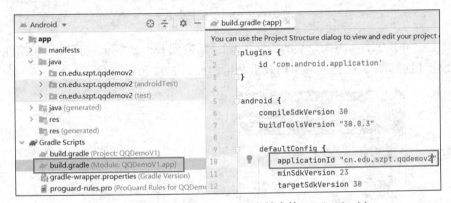

图 3-12　手动修改 build.gradle 文件中的 applicationId

(2)考虑到 ActionBar 在本项目中并没有用处,且有些影响界面美观,打开 res/values 目录下的 theme.xml 文件,将 Bridge 改为 NoActionBar.Bridge,如图 3-13 所示。

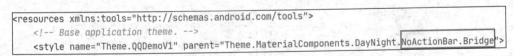

图 3-13　将 Bridge 改为 NoActionBar.Bridge

(3)在 cn.edu.szpt.qqdemov2 包上单击鼠标右键,在弹出的快捷菜单中选择 "New" → "Activity" → "Empty Activity" 选项,系统将打开新建 Activity 的对话框,设置 Activity Name 为 QQMessageActivity。

(4)复制项目的相关图片(见图 3-14)到 res/drawable 目录下。

在 res/values 目录下打开 strings.xml 文件,添加如下代码。

```
<string name="title_Message">消息</string>
<string name="tv_BtnAdd">添加</string>
```

图 3-14　项目的相关图片

（5）打开布局文件 activity_qqmessage.xml，切换到 Design 模式，拖曳相关控件到界面中，并设置相关属性，该界面的布局效果及结构如图 3-15 所示。

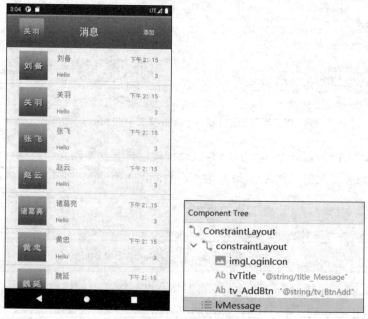

图 3-15　布局效果及结构

（6）在 res/layout 目录下新建 ListView 条目的布局文件 item_qqmessage.xml。切换到 Design 模式，参照图 3-1，拖曳相关控件到界面中，并设置相关属性，条目布局效果及结构如图 3-16 所示。

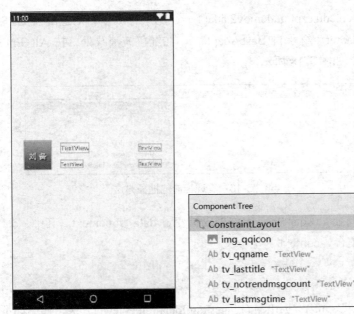

图 3-16　条目布局效果及结构

（7）这里采用自定义的适配器实现相关功能。首先，需要为数据建立相应的实体类，以实现数据的解耦。新建包 cn.edu.szpt.qqdemov2.beans，在该包中新建 Java 类（实体类），并将其命名为 QQMessageBean，如图 3-17 所示。

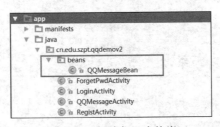

图 3-17　新建包及实体类

其次，打开 QQMessageBean.java 文件，输入 5 个成员变量，并对每个成员变量生成 getter、setter 及构造器方法，代码如下。

```java
package cn.edu.szpt.qqdemov2.beans;
public class QQMessageBean {
    private String qq_name;
    private int qq_icon;
    private String lastmsg_time;
    private String lasttitle;
    private int notreadmsg_count;

    //此处省略 getter、setter 及构造器方法
}
```

（8）新建包 cn.edu.szpt.qqdemov2.adapters，用于存放项目的适配器类。在该包中新建类 QQMessageAdapter（继承自 BaseAdapter）。在红色波浪线处，按 Alt+Enter 组合键实现相应的抽象方法，如图 3-18 所示。

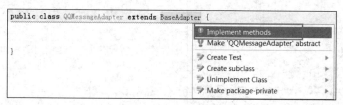

图 3-18　实现相应的抽象方法

（9）在 QQMessageAdapter 类中添加成员变量 data 和 context。其中，data 表示适配器需要处理的数据集合，context 为上下文对象。

```
private Context context;

private List<QQMessageBean>data;
```

（10）实现 getCount()、getItem()、getItemId()和 getView()方法，代码如下。

```
public class QQMessageAdapter extends BaseAdapter {
    private Context context;
    private List<QQMessageBean> data;

    @Override
    public int getCount() {
        return data.size();
    }

    @Override
    public Object getItem(int position) {
        return data.get(position);
    }

    @Override
    public long getItemId(int position) {
        return position;
    }

    @Override
    public View getView(int position, View convertView, ViewGroup parent) {
        View view = LayoutInflater.from(context).inflate(
                                                R.layout.item_qqmessage,
```

```
                                              parent,false);
        ImageView img_qqicon = view.findViewById(R.id.img_qqicon);

        TextView tv_qqname = view.findViewById(R.id.tv_qqname);

        TextView tv_lasttitle = view.findViewById(R.id.tv_lasttitle);

        TextView tv_lastmsgtime = view.findViewById(R.id.tv_lastmsgtime);

        TextView tv_notrendmsgcount = view.findViewById(
                                         R.id.tv_notrendmsgcount);

        QQMessageBean bean = data.get(position);


        img_qqicon.setImageResource(bean.getQq_icon());

        tv_qqname.setText(bean.getQq_name());

        tv_lasttitle.setText(bean.getLasttitle());

        tv_lastmsgtime.setText(bean.getLastmsg_time());

        tv_notrendmsgcount.setText(bean.getNotreadmsg_count() + "");


        return view;

    }

}
```

其中，getCount()方法用于获取数据的条数，getItem()和 getItemId()方法用于获取指定位置对应的数据（每一条目对应的数据对象）及 ItemId 值，getView()方法会根据位置和对应的数据产生一个 View 对象，并将其填充到适配器控件中。

在 getView()方法中，先使用 LayoutInflater 对象将指定的布局文件（item_qqmessage）扩充为一个视图对象 view，再通过 findViewById()方法找到这个 view 中包含的控件，依次为它们赋值，最后将 view 对象作为 getView()方法的返回值返回给 ListView 对象使用。

getView()方法中有一个参数 convertView，这里并没有使用，它有什么作用呢？其实，convertView 就是展示在界面中的一个条目。受手机屏幕尺寸的限制，一次展示给用户的最大条目数是固定的，如 10 条，也就是说，即便有 1000 条数据，可以显示的条目也只有固定的 10 个，这 10 个 View 就是 convertView。当一个 convertView 滑出屏幕时，适配器就会释放其中显示的内容，并使用新的数据进行填充。这个过程中并不需要执行将布局文件扩充成 View 的步骤，而只要修改其展示的数据即可，因而会提高效率。

下面利用 convertView 对 getView()方法进行优化。首先，在 QQMessageAdapter 中创建一个名为 ViewHolder 的内部类，描述条目中涉及的控件，代码如下。

```
static class ViewHolder{
    ImageView img_qqicon;

    TextView tv_qqname;

    TextView tv_lasttitle;

    TextView tv_lastmsgtime;
```

```
        TextView tv_notrendmsgcount;
    }
```

其次，改写 getView()方法，代码如下。

```
public View getView(int position, View convertView, ViewGroup parent) {
    ViewHolder holder;
    if(convertView==null){
        holder = new ViewHolder();
        convertView = LayoutInflater.from(context).inflate(
                                R.layout.item_qqmessage,parent,false);
        holder.img_qqicon = convertView.findViewById(R.id.img_qqicon);
        holder.tv_qqname = convertView.findViewById(R.id.tv_qqname);
        holder.tv_lasttitle = convertView.findViewById(
                                        R.id.tv_lasttitle);
        holder.tv_lastmsgtime = convertView.findViewById(
                                        R.id.tv_lastmsgtime);
        holder.tv_notrendmsgcount = convertView.findViewById(
                                        R.id.tv_notrendmsgcount);
        convertView.setTag(holder);
    }else{
        holder = (ViewHolder) convertView.getTag();
    }

    QQMessageBean bean = data.get(position);

    holder.img_qqicon.setImageResource(bean.getQq_icon());
    holder.tv_qqname.setText(bean.getQq_name());
    holder.tv_lasttitle.setText(bean.getLasttitle());
    holder.tv_lastmsgtime.setText(bean.getLastmsg_time());
    holder.tv_notrendmsgcount.setText(bean.getNotreadmsg_count() + "");

    return convertView;
}
```

（11）为 QQMessageAdapter 添加带参数的构造器方法，初始化 data 和 context，代码如下。

```
public QQMessageAdapter(Context context, List<QQMessageBean> data) {
    this.context = context;
    this.data = data;
}
```

（12）切换到 QQMessageActivity.java 文件，添加成员变量，代码如下。

```
private List<QQMessageBean> data;

private QQMessageAdapter adapter;

private ListView lvMessage;
```

（13）添加模拟生成消息数据的方法 initialData()，实现对 data 的初始化，代码如下。

```
private void initialData(){
    data.clear();
    String[] names=new String[]{"刘备","曹操","孙权","张飞","关羽","赵云",
            "诸葛亮", "黄忠","魏延"};
    int[] imgs=new int[]{ R.drawable.liubei,R.drawable.caocao,
                          R.drawable.sunquan,R.drawable.zhangfei,
                          R.drawable.guanyu, R.drawable.zhaoyun,
                          R.drawable.zhugeliang,R.drawable.huangzhong,
                          R.drawable.weiyan};
    for(int i=0;i<names.length;i++){
        QQMessageBean m=new QQMessageBean(names[i],imgs[i], "下午 2:15",
                "Hello", 3);
        data.add(m);
    }
}
```

（14）修改 QQMessageActivity.java 文件中的 onCreate()方法，创建适配器对象，并将其添加到 ListView 对象上，代码如下。

```
protected void onCreate(Bundle savedInstanceState) {
    super.onCreate(savedInstanceState);
    setContentView(R.layout.activity_qqmessage);
    lvMessage = findViewById(R.id.lvMessage);
    data = new ArrayList<>();
    initialData();
    adapter = new QQMessageAdapter(this,data);
    lvMessage.setAdapter(adapter);
}
```

（15）将 QQMessageActivity 界面集成到 QQDemoV2 中。打开 LoginActivity.java 文件，添加"登录"按钮 btnLogin 的事件监听器。当用户点击该按钮后，跳转到 QQMessageActivity 界面，代码如下。

```
private Button btnLogin;
@Override
protected void onCreate(Bundle savedInstanceState) {
```

```
        super.onCreate(savedInstanceState);

        setContentView(R.layout.activity_login);

        btnLogin=findViewById(R.id.btnLogin);

        btnLogin.setOnClickListener(new View.OnClickListener() {

            @Override

            public void onClick(View v) {

                Intent intent=new Intent(LoginActivity.this,
                                                QQMessageActivity.class);

                startActivity(intent);

            }

        });

    }
```

（16）单击工具栏中的 ▶ 按钮，运行程序，运行效果如图 3-1 所示。

3.2 任务 2 使用 ExpandableListView 实现 QQ 联系人界面

1. 任务简介

本任务将使用可扩展的下拉列表搭建 QQ 联系人界面，运行效果如图 3-19 所示。

图 3-19　QQ 联系人界面运行效果

2. 相关知识

（1）认识可扩展的下拉列表

可扩展的下拉列表（ExpandableListView）本质上就是由两个具有主从关系的 ListView

组成的，所以 ListView 适配器中存在的方法，ExpandableListView 适配器中必定存在，只是需要针对 group 和 child 分别进行重写。此外，其新增了两个方法，分别是 hasStableIds() 和 isChildSelectable(int groupPosition, int childPosition)。

① hasStableIds()：用于判断 ExpandableListView 内容 ID 是否有效（返回 true 或者 false），系统会根据 ID 来确定当前显示哪条内容。

② isChildSelectable(int groupPosition, int childPosition)：用于判断某个 Group 中的 child 是否可选。

ExpandableListView 主要有以下 4 个监听事件。

① setOnGroupClickListener()：监听 group 元素的点击事件。

② setOnGroupExpandListener()：监听 group 元素的展开事件。

③ setOnGroupCollapseListener()：监听 group 元素的折叠事件。

④ setOnChildClickListener()：监听子元素的点击事件。注意，当需要 child 可点击时，需要通过 isChildSelectable(int groupPosition, int childPosition) 方法将对应位置的返回值设置为 true。

（2）认识 Logcat

编写程序时，我们除了会遇到语法错误，遇到的更多的则是程序运行时出现的各种运行错误。此时若要了解程序运行的详细调试信息，就需要使用 Logcat 工具。

打开 Android Studio，选择 "View" → "Tool Windows" → "Logcat" 选项，打开 Logcat 窗口，此时运行程序，Logcat 上会显示程序运行的信息。如果我们需要了解特定语句执行后的程序状态，可以在相应代码位置处通过 Android 中的日志工具类 Logcat(android.util.Log) 中的 5 种方法（对应 5 种级别）输出相关信息。

① Log.v()

对应级别 Verbose，属于 Android 日志中级别最低的一种。打印出来的大多是一些琐碎的、意义不大的日志信息。

② Log.d()

对应级别 Debug，比 Verbose 高一级。打印调试的相关信息，对调试程序和分析问题有很大帮助。

③ Log.i()

对应级别 Info，比 Debug 高一级。打印一些比较重要的信息，这些信息有助于分析用户行为。

④ Log.w()

对应级别 Warn，比 Info 高一级。打印一些警告信息，提示程序的某些部分可能存在潜在的风险，如程序出现阻塞之类的信息。

⑤ Log.e()

对应级别 Error，比 Warn 高一级。打印程序中的错误信息，例如程序进入了 catch 语句中（异常处理机制）。当出现 Error 级别的日志信息时，表示程序出现了错误，需要尽快修复。

我们可以通过对信息类别和 Tag 信息筛选输出的 Logcat 信息来快速定位日志信息；通过分析系统日志，我们可以分析和定位错误点。假设在学习本章任务 1 的过程中，有同学的程序在运行时出现闪退，我们应该如何分析、解决这个情况呢？

首先，我们打开 Logcat，将信息类别切换到 Error 级别，从日志的最下方开始，向上翻看，搜索文件名是蓝色的行（蓝色表示是我们写的代码文件），如图 3-20 所示。

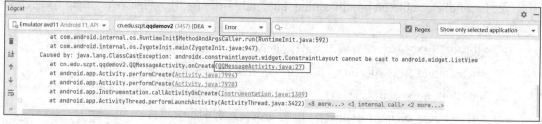

图 3-20　Logcat 调试信息

单击蓝色的链接，可跳转至出错代码的位置，如图 3-21 所示。

```java
19      public class QQMessageActivity extends AppCompatActivity {
20          private ListView lvMessage;
21          private List<QQMessageBean> data;
22
23          @Override
24          protected void onCreate(Bundle savedInstanceState) {
25              super.onCreate(savedInstanceState);
26              setContentView(R.layout.activity_qqmessage);
27              lvMessage = findViewById(R.id.lvMessage);
28
29              data = new ArrayList<QQMessageBean>();
30              initialData();
31
32              QQMessageAdapter adapter = new QQMessageAdapter( context: this,data);
33
34              lvMessage.setAdapter(adapter);
35
36          }
```

图 3-21　出错代码位置

结合图 3-20 中的错误信息提示 "Caused by: java.lang. ClassCastException: androidx.constraintlayout.widget.Constraint Layout cannot be cast to android.widget.ListView" 我们推测该同学将本应设置给 ListView 控件的 id（lvMessage）设置给了 ConstraintLayout 控件，从而导致代码中类型转换出错。切换到该 Activity 中的布局页面，查看组件树，如图 3-22 所示，确实属于命名错误，修改后程序可正常运行。

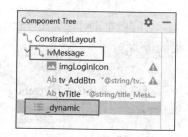

图 3-22　Activity 布局页面中的组件树

3. 任务实施

第 3 章任务 2 操作

（1）在包 cn.edu.szpt.qqdemov2 中新建 Activity，并将其命名为 QQContactActivity。

（2）在 res/values 目录下打开 strings.xml 文件，添加如下代码。

```xml
<string name="title_Contact">联系人</string>
```

（3）打开布局文件 activity_qqcontact.xml，切换到 Design 模式，拖曳相关控件到界面中，并设置相应的属性，该界面的布局效果及结构如图 3-23 所示。

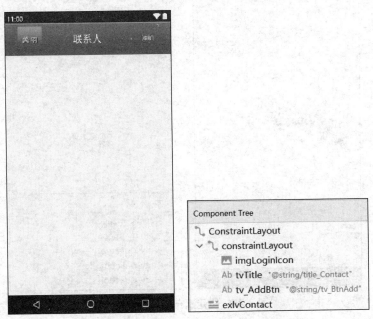

图 3-23　QQContactActivity 的布局效果及结构

（4）在 res/layout 目录下新建 ExpandableListView 条目的组元素布局文件 item_contact_group.xml，其布局效果及结构如图 3-24 所示。

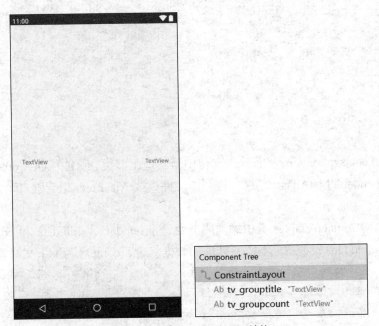

图 3-24　组元素布局效果及结构

（5）在 res/layout 目录下新建 ExpandableListView 条目的子元素布局文件 item_contact_

73

child.xml，其布局效果及结构如图 3-25 所示。

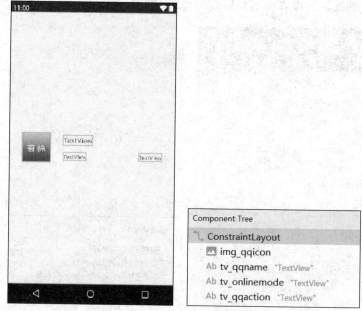

图 3-25 子元素布局效果及结构

（6）在 cn.edu.szpt.qqdemov2.beans 包中新建实体类，并将其命名为 QQContactBean，输入 4 个成员变量，对每个成员变量生成 getter、setter 及构造器方法，代码如下。

```java
public class QQContactBean {
    private String qq_name;

    private int qq_icon;

    private String onlinemode;

    private String qq_action;


    //此处省略 getter、setter 及构造器方法
}
```

（7）在 cn.edu.szpt.qqdemov2.adapters 包中新建适配器类，命名为 QQContactAdapter（继承自 BaseExpandableListAdapter 类）。打开该文件，按 Alt+Enter 组合键自动实现相应的 10 个抽象方法。

（8）在 QQContactAdapter 类中添加成员变量 groupdata、childdata 和 context。其中，groupdata 和 childdata 表示适配器需要处理的数据集合，context 为上下文对象，代码如下。

```java
private Context context;

private List<String>groupdata;

private Map<String, List<QQContactBean>>childdata;
```

（9）实现 10 个方法，注意需修改 isChildSelectable()方法的返回值为 true，代码如下。

```java
public class QQContactAdapter extends BaseExpandableListAdapter {
```

```java
private Context context;
private List<String> groupdata;
private Map<String, List<QQContactBean>> childdata;

@Override
public int getGroupCount() {
    return groupdata.size();
}

@Override
public int getChildrenCount(int groupPosition) {
    List<QQContactBean> list = childdata.get(
                                    groupdata.get(groupPosition));
    return list.size();
}

@Override
public Object getGroup(int groupPosition) {
    return groupdata.get(groupPosition);
}

@Override
public Object getChild(int groupPosition, int childPosition) {
    List<QQContactBean> list = childdata.get(getGroup(groupPosition));
    return list.get(childPosition);
}

@Override
public long getGroupId(int groupPosition) {
    return groupPosition;
}

@Override
public long getChildId(int groupPosition, int childPosition) {
    return childPosition;
}
```

```
@Override
public boolean hasStableIds() {
    return false;
}

@Override
public View getGroupView(int groupPosition, boolean isExpanded,
                         View convertView, ViewGroup parent) {
    GroupHolder holder;
    if (convertView == null) {
        convertView= LayoutInflater.from(context).inflate(
                         R.layout.item_contact_group, parent, false);
        holder=new GroupHolder();
        holder.tv_grouptitle = convertView.findViewById(
                                          R.id.tv_grouptitle);
        holder.tv_groupcount = convertView.findViewById(
                                          R.id.tv_groupcount);
        convertView.setTag(holder);
    } else{
        holder= (GroupHolder) convertView.getTag();
    }
    holder.tv_grouptitle.setText(groupdata.get(groupPosition));
    holder.tv_groupcount.setText(getChildrenCount(groupPosition) + "");
    return convertView;

}

@Override
public View getChildView(int groupPosition, int childPosition,
        boolean isLastChild, View convertView, ViewGroup parent) {
    ChildHolder holder;
    if (convertView == null) {
        convertView= LayoutInflater.from(context).inflate(
                         R.layout.item_contact_child, parent, false);
        holder=new ChildHolder();
        holder.img_qqicon = convertView.findViewById(R.id.img_qqicon);
        holder.tv_qqname = convertView.findViewById(R.id.tv_qqname);
```

```
        holder.tv_onlinemode = convertView.findViewById(
                                        R.id.tv_onlinemode);
        holder.tv_qqaction = convertView.findViewById(
                                        R.id.tv_qqaction);
        convertView.setTag(holder);
    } else{
        holder= (ChildHolder) convertView.getTag();
    }
    QQContactBean bean = (QQContactBean) getChild(
                                groupPosition,childPosition);
    holder.img_qqicon.setImageResource(bean.getQq_icon());
    holder.tv_qqname.setText(bean.getQq_name());
    holder.tv_onlinemode.setText(bean.getOnlinemode());
    holder.tv_qqaction.setText(bean.getQq_action());
    return convertView;
}


@Override
public boolean isChildSelectable(int groupPosition,
                                int childPosition) {

    return true;

}

static class GroupHolder{
    TextView tv_grouptitle;
    TextView tv_groupcount;
}
static class ChildHolder{
    ImageView img_qqicon;
    TextView tv_qqname;
    TextView tv_onlinemode;
    TextView tv_qqaction;

}
}
```

（10）为 QQContactAdapter 添加带参数的构造器方法，初始化 context、groupdata 和 childdata，代码如下。

```
public QQContactAdapter(Context context, List<String> groupdata,
            Map<String, List<QQContactBean>> childdata) {
```

```
        this.context = context;
        this.groupdata = groupdata;
        this.childdata = childdata;
    }
```

（11）切换到 QQContactActivity.java 文件，添加成员变量及模拟生成联系人数据的方法 initialData()，找到 ExpandableListView 对象，创建并设置适配器，实现显示功能，代码如下。

```
public class QQContactActivity extends AppCompatActivity {
    private ExpandableListView exlvContact;
    private QQContactAdapter adapter;
    private List<String> groupData;
    private Map<String, List<QQContactBean>> childData;

    @Override
    protected void onCreate(Bundle savedInstanceState) {
        super.onCreate(savedInstanceState);
        setContentView(R.layout.activity_qqcontact);
        exlvContact = findViewById(R.id.exlvContact);
        groupData = new ArrayList<>();
        childData = new HashMap<String, List<QQContactBean>>();
        initialData();
        adapter = new QQContactAdapter(this,groupData,childData);
        exlvContact.setAdapter(adapter);
    }

    private void initialData(){
        String countries[] = { "蜀", "魏", "吴" };
        String names[][] = {
                        { "刘备", "关羽", "张飞", "赵云", "黄忠", "魏延" },
                        { "曹操", "许褚", "张辽" },{ "孙权", "鲁肃","吕蒙" } };
        int icons[][]={
                {R.drawable.liubei,R.drawable.guanyu,
                 R.drawable.zhangfei,R.drawable.zhaoyun,
                 R.drawable.huangzhong,R.drawable.weiyan},
                {R.drawable.caocao,R.drawable.xuchu,R.drawable.zhangliao},
                {R.drawable.sunquan,R.drawable.lusu,R.drawable.lvmeng}
        };
        groupData.clear();
```

```
            childData.clear();
            for (int i = 0; i <countries.length; i++) {
                groupData.add(countries[i]);
                List<QQContactBean> list=new ArrayList<QQContactBean>();
                for (int j = 0; j <names[i].length; j++) {
                    QQContactBean p = new QQContactBean(names[i][j],icons[i][j],
                            "5G在线","天天向上");
                    list.add(p);
                }
                childData.put(countries[i],list);
            }
        }
    }
```

（12）设置 QQContactActivity 为启动 Activity，单击工具栏中的 ▶ 按钮，运行程序，运行效果如图 3-19 所示。

3.3 任务 3 使用 RecyclerView 实现 QQ 动态界面

1. 任务简介

本任务将使用 RecyclerView 搭建 QQ 动态界面，其运行效果如图 3-26 所示。

2. 相关知识

RecyclerView 是 Android 5.0 后谷歌公司推出的一个用于在有限的窗口中展示大量数据集的适配器控件，相较于 ListView，RecyclerView 控件更加高级、灵活，通过设置不同的 LayoutManager，就可以轻松实现与 ListView 和 GridView 一样的效果，且效果和性能更好。

为了使用 RecyclerView 控件，需要创建 Adapter 并设置 LayoutManager。

图 3-26　QQ 动态界面运行效果

① Adapter 继承自 RecyclerView.Adapter 类，主要用来将数据和布局 item 进行绑定，与使用 ListView 类似，也需要定义 ViewHolder，只不过该 ViewHolder 需要继承自 RecyclerView.ViewHolder。

② LayoutManager（布局管理器）。RecyclerView 提供了 3 种内置的 LayoutManager：LinearLayoutManager（线性布局管理器），呈现横向或者纵向滑动 ListView 的效果；GridLayoutManager（表格布局管理器），呈现 GridView 的显示效果；StaggeredGridLayoutManager（流式布局管理器），可呈现瀑布流效果。

RecyclerView 的相关类及其说明如表 3-1 所示。

表 3-1　RecyclerView 的相关类及其说明

类名	说明
RecyclerView.Adapter	托管数据集合，为每一项 Item 创建视图并绑定数据
RecyclerView.ViewHolder	描述 Item 视图的控件
RecyclerView.LayoutManager	负责 Item 视图的布局的显示管理
RecyclerView.ItemDecoration	给每一项 Item 视图添加修饰，例如画分隔线等
RecyclerView.ItemAnimator	负责处理数据添加或者删除时的动画效果

第 3 章任务 3 操作

3. 任务实施

（1）在 cn.edu.szpt.qqdemov2 包中新建 Activity，并将其命名为 QQPluginActivity。

（2）在 res/values 目录下打开 strings.xml 文件，添加如下代码。

```
<string name="title_Plugin">动态</string>
```

（3）打开布局文件 activity_qqplugin.xml，切换到 Design 模式，拖曳相关控件到界面中，并设置相关属性，该界面的布局效果及结构如图 3-27 所示。

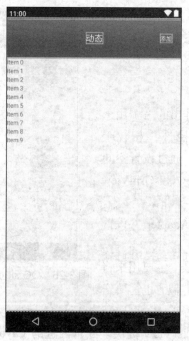

图 3-27　QQPluginActivity 的布局效果及结构

（4）在 res/layout 目录下新建 RecyclerView 条目的布局文件 item_plugin.xml，其布局效果及结构如图 3-28 所示。注意此处约束布局的高为 wrap_content。

图 3-28　条目布局效果及结构

（5）在 cn.edu.szpt.qqdemov2.beans 包中新建实体类，并将其命名为 QQPluginBean，代码如下，输入 4 个成员变量，对每个成员变量生成 getter、setter 及构造器方法。

```
public class QQPluginBean {
    private String company_name;
    private int soft_icon;
    private String soft_name;
    private int soft_star;


    //此处省略 getter、setter 及构造器方法
}
```

（6）在 cn.edu.szpt.qqdemov2.adapters 包中新建适配器类，命名为 QQPluginAdapter，打开文件，声明该类继承自 RecyclerView.Adapter<QQPluginAdapter.ViewHolder>类，代码如下。

```
public class QQPluginAdapter extends
                RecyclerView.Adapter<QQPluginAdapter.ViewHolder> {
    private Context context;
    private List<QQPluginBean> data;


    @Override
    public ViewHolder onCreateViewHolder(ViewGroup parent, int viewType) {
        View view = LayoutInflater.from(context).inflate(
```

```
                                              R.layout.item_plugin,parent,false);
        ViewHolder viewHolder = new ViewHolder(view);
        return viewHolder;
    }


    @Override
    public void onBindViewHolder(QQPluginAdapter.ViewHolder holder,
                                                      int position) {
        QQPluginBean bean = data.get(position);
        holder.tv_companyname.setText(bean.getCompany_name());
        holder.img_softicon.setImageResource(bean.getSoft_icon());
        holder.tv_softname.setText(bean.getSoft_name());
        holder.img_softstar.setImageResource(bean.getSoft_star());
    }


    @Override
    public int getItemCount() {
        return data.size();
    }


    public class ViewHolder extends RecyclerView.ViewHolder {
        private TextView tv_companyname;
        private ImageView img_softicon;
        private TextView tv_softname;
        private ImageView img_softstar;

        public ViewHolder(View itemView) {
            super(itemView);
            tv_companyname = itemView.findViewById(R.id.tv_companyname);
            img_softicon = itemView.findViewById(R.id.img_softicon);
            tv_softname = itemView.findViewById(R.id.tv_softname);
            img_softstar = itemView.findViewById(R.id.img_softstar);
        }
    }
}
```

（7）为 QQContactAdapter 添加带参数的构造器方法，初始化 contextdata，代码如下。

```
    public QQPluginAdapter(Context context, List<QQPluginBean> data) {
        this.context = context;
        this.data = data;
    }
```

（8）切换到 QQPluginActivity.java 文件，添加成员变量及模拟生成动态数据的方法 initialData()，找到 RecyclerView 对象，创建并设置适配器和布局管理器，实现显示功能，代码如下。

```
public class QQPluginActivity extends AppCompatActivity {
    private RecyclerView rvPlugin;
    private QQPluginAdapter adapter;
    private List<QQPluginBean> data;

    @Override
    protected void onCreate(Bundle savedInstanceState) {
        super.onCreate(savedInstanceState);
        setContentView(R.layout.activity_qqplugin);
        rvPlugin = findViewById(R.id.rvPlugin);
        data = new ArrayList<QQPluginBean>();
        initialData();
        adapter = new QQPluginAdapter(this,data);
        rvPlugin.setLayoutManager(new GridLayoutManager(this,2));
        rvPlugin.setAdapter(adapter);
    }

    private void initialData(){
        String[] company_name = {"ZhiYuan Group","FDG 娱乐",
                                "Blitzblaster 软件公司","Snagon 工作室"};
        int[] soft_icon = {R.drawable.flypigg,R.drawable.banana,
                                R.drawable.traffic,R.drawable.bridgeme};
        String[] soft_name = {"Fly Pig","Banana","赛车","BridgeMe"};
        int[] soft_star = {R.drawable.market_star08,
                    R.drawable.market_star09,
                R.drawable.market_star07,R.drawable.market_star10};
        data.clear();
        for(int i = 0 ;i<company_name.length;i++){
            QQPluginBean bean = new QQPluginBean(company_name[i],
                            soft_icon[i],soft_name[i],soft_star[i]);
```

```
            data.add(bean);
        }
    }
}
```

（9）设置 QQPluginActivity 为启动 Activity，单击工具栏中的 ▶ 按钮，运行程序，运行效果如图 3-23 所示。

3.4　任务 4　使用 ViewPager2+Fragment 实现多界面集成

1．任务简介

在本任务中，将利用 Fragment 和 ViewPager2 将 QQ 消息界面和 QQ 联系人界面集成到一个 Activity 中，并实现侧滑功能，其运行效果如图 3-29 所示。

图 3-29　运行效果

2．相关知识

（1）碎片（Fragment）的基本概念。

为了解决不同屏幕分辨率下的 UI 设计问题，实现动态、灵活的 UI 设计，谷歌公司在 Android 3.0(API level 11)中引入了新的 API 技术——Fragment。其主要思路是对 Activity 中的 UI 组件进行分组和模块化管理，以达到提高代码重用性和改善用户体验的效果，这些分组后的 UI 组件就是 Fragment。

一个 Activity 中可以包含多个 Fragment 模块，而同一个 Fragment 模块也可以被多个 Activity 使用。每个 Fragment 都有自己的布局和生命周期，但因为 Fragment 必须被嵌入 Activity 中使用，所以 Fragment 的生命周期是受其宿主 Activity 的生命周期控制的。当

Activity 暂停时，该 Activity 中的所有 Fragment 都会暂停；当 Activity 被销毁时，该 Activity 中的所有 Fragment 都会被销毁。Fragment 的生命周期如图 3-30 所示。

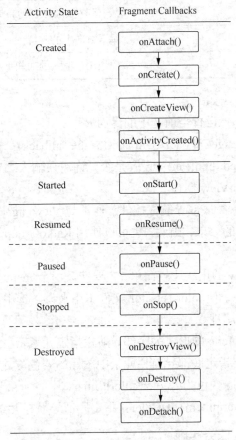

图 3-30　Fragment 的生命周期

（2）ViewPager2 概述。

ViewPager2 是用来替换 ViewPager 的，直接继承 ViewGroup，其内部使用 RecyclerView 实现。ViewPager2 也属于适配器控件，如果需要显示 Fragment，则使用 FragmentStateAdapter；如果需要显示 View，则使用 RecyclerView.Adapter。ViewPager 和 ViewPager2 的对比如表 3-2 所示。

表 3-2　ViewPager 和 ViewPager2 的对比

ViewPager	ViewPager2
显示 View（PagerAdapter）	显示 View（RecyclerView.Adapter）
显示 Fragment（FragmentStatePagerAdapter 或 FragmentPagerAdapter）	显示 Fragment（FragmentStateAdapter）
监听界面切换（addPageChangeListener）	监听界面切换（registerOnPageChangeCallback）

续表

ViewPager	ViewPager2
无	从右到左（RTL）的布局支持
无	垂直方向上的支持
无	停用用户输入的功能（setUserInputEnabled）

ViewPager2 常用的方法如下。

① setCurrentItem(int)：设置当前选中的界面。

② registerOnPageChangeCallback (OnPageChangeCallback)：负责监听界面切换。

③ setUserInputEnabled (boolean)：设置是否允许用户输入。

（3）BottomNavigationView 概述。

BottomNavigationView（底部导航栏控件）通常与 ViewPager2 或 Fragment 结合使用，以实现在不同界面间导航的效果，当然，也可以使用 RadioGroup、TableLayout 等方式实现类似的效果。

BottomNavigationView 的用法比较简单，主要涉及一个 menu 文件（用于初始化导航栏中的图标、文字和 ID）、一个 color-selector 文件（用来设置选中和未选中项中图片和文字的颜色变化）和以下几个属性。

① app:menu：使用 Menu 的形式为底部导航栏指定元素。

② app:itemIconTint：指定底部导航栏元素中图标的着色方式，不指定时，默认元素选中时 icon 颜色为@color/colorPrimary。

③ app:itemTextColor：指定底部导航栏元素中文字的着色方式。

第 3 章任务 4 操作

3. 任务实施

（1）在 res/menu 目录下新建 XML 文件（menu_viewpager.xml）来设置底部导航栏中的元素，代码如下。

```xml
<?xml version="1.0" encoding="utf-8"?>
<menu xmlns:android="http://schemas.android.com/apk/res/android">
    <item android:id="@+id/menuitem_message"
                    android:title="@string/title_Message"
                    android:icon="@drawable/message" ></item>
    <item android:id="@+id/menuitem_contact"
                    android:title="@string/title_Contact"
                    android:icon="@drawable/contact"></item>
    <item android:id="@+id/menuitem_plugin"
                    android:title="@string/title_Plugin"
                    android:icon="@drawable/plugin"></item>
</menu>
```

（2）在 res/color 目录下新建一个 selector 文件（color_menu_navi.xml），指定底部导航栏元素中图标和文字的着色方式，代码如下。

```xml
<?xml version="1.0" encoding="utf-8"?>
<selector xmlns:android="http://schemas.android.com/apk/res/android">
    <item android:color="#1296FB" android:state_checked="true"/>
    <item android:color="#8A8A8A" />
</selector>
```

（3）打开布局文件 activity_main.xml，拖曳相关控件，并设置 BottomNavigationView 的以下属性，布局效果及结构如图 3-31 所示。

```
android:background="#FFF"
app:itemIconTint="@color/color_menu_navi"
app:itemTextColor="@color/color_menu_navi"
app:menu="@menu/menu_viewpager"
```

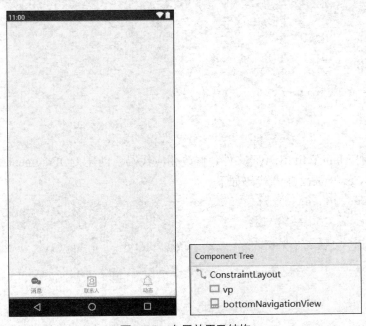

图 3-31　布局效果及结构

（4）新建包 cn.edu.szpt.qqdemov2.fragments，在该包中新建类，并将该类命名为 QQMessageFragment（继承自 androidx.fragment.app.Fragment）。参照 QQMessageActivity.java 文件中的代码，编写 QQMessageFragment.java 文件，注意，Activity 的 onCreate()方法中的代码要对应到 Fragment 的 onCreateView()方法中。

（5）参照步骤（4），新建 QQContactFragment 类，参照 QQContactActivity.java 文件编写代码。新建 QQPluginFragment 类，参照 QQPluginActivity.java 文件编写代码。

（6）在 cn.edu.szpt.qqdemov2.adapters 包中新建类，并将其命名为 QQFragmentAdapter，该类继承自 androidx.viewpager2.adapter.FragmentStateAdapter。

（7）重写 QQFragmentAdapter 中的相关方法，具体实现代码如下。

```java
public class QQFragmentAdapter extends FragmentStateAdapter {
    private List<Fragment> fragmentList;

    public QQFragmentAdapter(FragmentManager fragmentManager,
                    Lifecycle lifecycle, List<Fragment> fragmentList) {
        super(fragmentManager, lifecycle);
        this.fragmentList = fragmentList;
    }

    @Override
    public Fragment createFragment(int position) {
        return fragmentList.get(position);
    }

    @Override
    public int getItemCount() {
        return fragmentList.size();
    }
}
```

（8）切换到 MainActivity.java 文件，修改相应代码，创建 QQFragmentAdapter 对象，并将其设置到 ViewPager2 中，代码如下。

```java
public class MainActivity extends AppCompatActivity {
    private ViewPager2 vp;
    private QQFragmentAdapter adapter;
    private List<Fragment> fragmentList;

    @Override
    protected void onCreate(Bundle savedInstanceState) {
        super.onCreate(savedInstanceState);
        setContentView(R.layout.activity_main);
        vp = findViewById(R.id.vp);
        fragmentList = new ArrayList<Fragment>();
        initialData();
        adapter = new QQFragmentAdapter(getSupportFragmentManager(),
                            getLifecycle(),fragmentList);
        vp.setAdapter(adapter);
```

```
        vp.setUserInputEnabled(true);
    }


    private void initialData(){
        fragmentList.clear();
        Fragment f1 = new QQMessageFragment();
        Fragment f2 = new QQContactFragment();
        Fragment f3 = new QQPluginFragment();
        fragmentList.add(f1);
        fragmentList.add(f2);
        fragmentList.add(f3);
    }
}
```

（9）设置 LoginActivity 为启动 Activity，修改登录代码，当用户点击"登录"按钮后，跳转到 MainActivity 界面。此时，滑动功能正常，但切换 Fragment 后，下方的按钮无法同步显示对应状态，且选中相应的按钮后，无法切换到相应的界面。

下面将解决这两个问题，在 MainActivity 的 onCreate()方法中添加成员变量。

```
private BottomNavigationView bottomNavigationView;
```

（10）在 MainActivity 的 onCreate()方法末尾添加以下代码。

```
bottomNavigationView = findViewById(R.id.bottomNavigationView);

vp.registerOnPageChangeCallback(new ViewPager2.OnPageChangeCallback() {
    @Override
    public void onPageScrolled(int position, float positionOffset,
                                             int positionOffsetPixels) {
        super.onPageScrolled(position, positionOffset,
                                            positionOffsetPixels);
        MenuItem item= bottomNavigationView.getMenu().getItem(position);
        item.setChecked(true);
        //使指定 fragment 获得焦点
        fragmentList.get(position).getView().requestFocus();
    }
});


bottomNavigationView.setOnNavigationItemSelectedListener(
        new BottomNavigationView.OnNavigationItemSelectedListener() {
    @Override
```

```
public boolean onNavigationItemSelected(MenuItem item) {
    switch (item.getItemId()){
        case R.id.menuitem_message:
            vp.setCurrentItem(0,false);
            break;
        case R.id.menuitem_contact:
            vp.setCurrentItem(1,false);
            break;
        case R.id.menuitem_plugin:
            vp.setCurrentItem(2,false);
            break;
        }
    return false;
    }
});
```

（11）单击工具栏中的 ▶ 按钮，运行程序，运行效果如图 3-29 所示。

3.5 任务 5 使用自定义控件实现圆形头像框

1. 任务简介

在本任务中，将通过自定义 UI 控件的方式实现圆形头像框，运行效果如图 3-32 所示。

图 3-32 运行效果

　　当采用 ImageView 控件来显示用户头像时,一般会显示矩形样式,如果显示圆形的头相框,则需要自定义符合要求的 UI 控件,在控件中通过代码实现圆形头像框的绘制。其实现过程有些类似于 Photoshop 中的蒙版效果,具体来说就是先获取原图像,再生成一个圆形(也可以是其他形状)的蒙版,然后将蒙版与原图像叠加混合,形成圆形头像的效果,最后绘制一个边框。

2. 相关知识

（1）图像绘制。

　　在 Android 中,通常通过 Canvas 类来绘制特定的图像,Canvas 类中有很多 drawXxx 方法,可以通过这些方法绘制各种各样的图形。

　　Canvas 绘图有 3 个基本要素:画布、绘图坐标系及画笔。

　　① 画布(Canvas):绘制图形时,需要借助 Canvas 的各种 drawXxx 方法。使用 drawXxx 方法,需要给出图形的坐标和画笔对象。例如,drawCircle 方法用于绘制圆形,需要用户传入圆心的 x 坐标和 y 坐标、圆的半径及画笔对象。

　　② 绘图坐标系:Canvas 的 drawXxx 方法中传入的各种坐标指的都是绘图坐标系中的坐标,初始状况下,绘图坐标系的坐标原点在 View 的左上角,从原点向右为 x 轴正半轴,从原点向下为 y 轴正半轴。但绘图坐标系并不是一成不变的,可以通过调用 Canvas 的 translate()方法平移绘图坐标系,也可以通过 Canvas 的 rotate()方法旋转绘图坐标系,还可以通过 Canvas 的 scale()方法缩放绘图坐标系。

　　③ 画笔(Paint):决定了绘制的图形的一些外观,如绘制的图形的颜色。

（2）图像合成。

　　在使用 Android 中的 Canvas 进行绘图时,可以使用 PorterDuffXfermode 将所绘制的图形的像素与 Canvas 中对应位置的像素按照一定的规则混合,形成新的像素,从而更新 Canvas 中的像素颜色值。基本方式是通过 Paint.setXfermode(Xfermode xfermode)方法传入 PorterDuffXfermode 参数,指定画笔的绘图方式。

　　所谓 PorterDuffXfermode 其实是由 Thomas Porter 和 Tom Duff 两个人的名字组成的,这两个人在 1984 年共同发表了一篇名为 "Compositing Digital Images" 的论文,论述了实现不同数字图像时,像素之间是如何混合的,并提出了多种像素混合的模式。PorterDuffXfermode 支持十几种像素颜色的混合模式,不同混合模式的效果如图 3-33 所示。

（3）自定义属性。

　　declare-styleable 用于为自定义控件添加自定义属性。若想定义自己的属性,需要在 res/values 目录下创建 attrs.xml 文件,文件内容如下。

```xml
<?xml version="1.0" encoding="utf-8"?>
  <resources>
    <declare-styleable name="MyCircleImageAttr">
        <attr name="border_width" format="dimension" />
        <attr name="border_color" format="color"  />
```

```
            </declare-styleable>
        </resources>
```

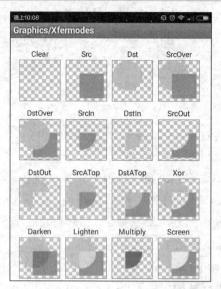

图 3-33　PorterDuffXfermode 中不同混合模式的效果

其中，"name="MyCircleImageAttr""用于指定该组属性的名称，以区分不同的自定义控件。因为一个项目可以有多个自定义控件，但是只能有一个 attrs.xml 文件，所以需要用标签来区分各个自定义控件的属性集。

每一个 attr 元素都包含名称（name）和格式（format）属性，名称即属性的名称，而格式就是用于声明该属性接收的数据的格式。常用的 format 有以下几种。

① reference：参考某一资源 ID，如图片资源的引用。

② color：颜色值，如字体颜色。

③ dimension：尺寸值，如宽度和高度。

第 3 章任务 5 操作

3. 任务实施

（1）创建包 cn.edu.szpt.qqdemov2.widgets，在该包中新建类 MyCircleImageView（该类继承自 AppCompatImageView 类）此时会提示错误，需要显式定义构造器方法，这里按照提示自动生成一个带两个参数的构造器方法。

（2）添加成员变量 mBorderWidth（描述边框宽度）和 mBorderColor（描述边框颜色），代码如下。

```
        private int mBorderWidth = 10;
        private int mBorderColor = Color.parseColor("#F2F2F2");
```

（3）编写 drawBorder()方法，用于绘制边框，代码如下。

```
private void drawBorder(Canvas canvas, int width, int height) {
    if (mBorderWidth == 0) {   return;  }
```

```
final Paint mBorderPaint = new Paint();

mBorderPaint.setStyle(Paint.Style.STROKE);

mBorderPaint.setAntiAlias(true);

mBorderPaint.setColor(mBorderColor);

mBorderPaint.setStrokeWidth(mBorderWidth);

//圆心的 x、y 坐标，圆的半径和画笔对象
canvas.drawCircle(width /2, height/2, (width - mBorderWidth) /2,
                                                mBorderPaint);

canvas = null;
}
```

（4）编写 getMaskBitmap()方法，用于生成圆形蒙版，代码如下。

```
private Bitmap getMaskBitmap(int width,int height){
    Bitmap bmp = Bitmap.createBitmap(width,height,
                                    Bitmap.Config.ARGB_8888);
    Canvas maskCanvas = new Canvas(bmp);
    maskCanvas.drawCircle(width/2,height/2,
                        Math.min(width,height)/2,new Paint());
    return bmp;
}
```

（5）重写 onDraw()方法，实现原图与圆形蒙版的混合，然后绘制边框。整个过程就是先绘制目标图像，也就是控件中用户设定的图片；再绘制原图像，即实心圆形，按照 DST_IN 模式与目标图像混合，这样最终将显示目标图像和原图像重合的区域，代码如下。

```
protected void onDraw(Canvas canvas) {
    int view_width = getWidth();
    int view_height = getHeight();
    int layer = canvas.saveLayer(0.0F, 0.0F, view_width,
                                            view_height, null);

    //绘制控件中设定的图片，作为目标图像
    super.onDraw(canvas);
    //生成圆形蒙版
    Bitmap mask = getMaskBitmap(view_width,view_height);
    //设置图像混合模式为 DST_IN
    Paint mPaint= new Paint();
    mPaint.setStyle(Paint.Style.FILL);
    mPaint.setAntiAlias(true);
    mPaint.setXfermode(new PorterDuffXfermode(PorterDuff.Mode.DST_IN));
    //使用 DST_IN 混合模式绘制蒙版（原图像）
```

```
canvas.drawBitmap(mask,0,0,mPaint);
//恢复画布状态
canvas.restoreToCount(layer);
//绘制边框
drawBorder(canvas, view_width, view_height);
}
```

（6）将 res/layout 目录下的 activity_qqmessage.xml、activity_qqcontact.xml、item_qqmessage.xml 和 item_contact_child.xml 文件中显示头像的 ImageView 控件修改为"cn.edu.szpt.qqdemov2.widgets.MyCircleImageView"，效果如图 3-32 所示。

（7）但这个头像框的宽度和颜色都是固定的，它能不能由用户指定呢？这就需要用到自定义属性了。在 res/values 目录下新建 attrs.xml 文件，设置其自定义属性，代码如下。

```xml
<?xml version="1.0" encoding="utf-8"?>
<resources>
  <declare-styleable name="MyCircleImageAttr">
    <attr name="border_width" format="dimension" />
    <attr name="border_color" format="color"  />
  </declare-styleable>
</resources>
```

其中，border_width 属性表示边框的宽度，border_color 属性表示边框的颜色。

（8）修改 activity_qqmessage.xml 文件中"cn.edu.szpt.qqdemov2.widgets.MyCircleImage View"节点的内容，增加自定义属性 border_width 和 border_color，如图 3-34 所示。

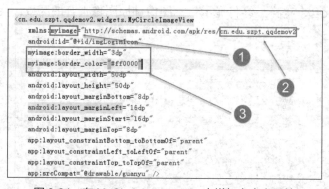

图 3-34 在 MyCircleImageView 中增加自定义属性

其中，①表示用户为属性定义的前缀，类似于"android:"；②为项目的包名；③为自定义属性的值。这里设置宽度为 3dp，边框颜色为红色。

（9）读取布局文件中设置的边框宽度和颜色值，并呈现出来。打开 MyCircleImageView.java 文件，在构造器方法的末尾添加如下代码。

```java
public MyCircleImageView(Context context, AttributeSet attrs) {
    super(context, attrs);
```

```
TypedArray a = context.obtainStyledAttributes(attrs,
                              R.styleable.MyCircleImageAttr);

mBorderColor = a.getColor(
        R.styleable.MyCircleImageAttr_border_color,mBorderColor);
//根据 dpi 换算成像素
int  default_val = (int) (mBorderWidth *
              getResources().getDisplayMetrics().density + 0.5f);
mBorderWidth = a.getDimensionPixelOffset(
        R.styleable.MyCircleImageAttr_border_width,default_val);

a.recycle();
}
```

（10）单击工具栏中的 ▶ 按钮，运行程序，运行效果如图 3-32 所示。

3.6 课后练习

任务 1 中使用 ListView 实现了 QQ 的消息界面，请使用 RecyclerView 改写 QQMessageFragment，实现图 3-35 所示的 QQ 消息界面。

3.7 小讨论

我国自古就有尊崇和弘扬工匠精神的传统。《诗经》中的"如切如磋，如琢如磨"，反映的就是古代工匠在雕琢器物时执着专注的工作态度。"庖丁解牛""巧夺天工""匠心独运""技近乎道"……经过千年岁月洗礼，这种精益求精的精神品质早已融入中华民族的文化血液。对开发者来说，在实际的工作中可以发现，一部分人工作了十多

图 3-35 使用 RecyclerView 改写后的 QQ 消息界面

年还在原地踏步，也有一部分人工作后进步很快，迅速成长为公司的技术骨干，请谈谈成为优秀的软件开发工程师应该具备哪些素质。

第 4 章 Android 本地存储综合开发

本章概览

本章将在 QQDemoV2 的基础上加入本地数据支持，形成 QQDemoV3，涵盖 Shared-Preferences、SQLite 和 ContentProvider 等多种本地数据存储技术的综合应用。其中，SharedPreferences 是一种采用键值对方式存储信息的机制，主要用于存放一些简单的配置信息；SQLite 是 Android 自带的一个轻量级的嵌入式数据库，它支持 SQL 语句，能够方便地存储关系型数据；ContentProvider 是 Android 为了实现应用程序之间的数据共享而提供的一种机制，供应用程序将私有数据开放给其他应用程序使用。

知识图谱

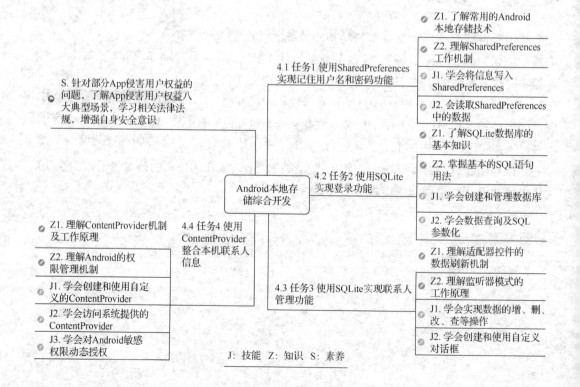

Android本地存储综合开发

S. 针对部分App侵害用户权益的问题，了解App侵害用户权益八大典型场景，学习相关法律法规，增强自身安全意识

4.1 任务1 使用SharedPreferences 实现记住用户名和密码功能
- Z1. 了解常用的Android 本地存储技术
- Z2. 理解SharedPreferences 工作机制
- J1. 学会将信息写入 SharedPreferences
- J2. 会读取SharedPreferences 中的数据

4.2 任务2 使用SQLite 实现登录功能
- Z1. 了解SQLite数据库的基本知识
- Z2. 掌握基本的SQL语句用法
- J1. 学会创建和管理数据库
- J2. 学会数据查询及SQL 参数化

4.3 任务3 使用SQLite实现联系人管理功能
- Z1. 理解适配器控件的数据刷新机制
- Z2. 理解监听器模式的工作原理
- J1. 学会实现数据的增、删、改、查等操作
- J2. 学会创建和使用自定义对话框

4.4 任务4 使用 ContentProvider 整合本机联系人信息
- Z1. 理解ContentProvider机制及工作原理
- Z2. 理解Android的权限管理机制
- J1. 学会创建和使用自定义的ContentProvider
- J2. 学会访问系统提供的 ContentProvider
- J3. 学会对Android敏感权限动态授权

J: 技能 Z: 知识 S: 素养

4.1　任务 1 使用 SharedPreferences 实现记住用户名和密码功能

1. 任务简介

在本任务中，将通过 SharedPreferences 来记录用户输入的 QQ 号码和密码，具体流程如下：当用户勾选"记住密码"复选框且登录成功后，程序将记录相关信息，并在下次进入程序时自动填入，如图 4-1 所示。

图 4-1　记住用户名和密码

2. 相关知识

Android 的本地数据存储技术主要包括以下几种。

（1）SharedPreferences：采用键值对形式存储数据，常见于配置参数的存取。

（2）SQLite：轻量级的数据库引擎，是一个遵守 ACID 的关系数据库管理系统，能流畅地运行在嵌入式系统中。

（3）ContentProvider：Android 四大组件之一，用于实现应用程序之间的数据共享。

文件存储：直接使用 Java 读写文件操作来存取数据，本教材不涉及。

SharedPreferences 是 Android 平台上的一个轻量级的存储类，用于保存应用程序的一些常用配置参数，如用户名、常用设置等。其原理是通过 Android 系统生成一个 XML 文件，将数据以键值对的形式存储起来。该文件通常在"/data/data/包名/shared_prefs"目录下。SharedPreferences 的主要特点如下。

（1）只支持 Java 基本数据类型，如 int、long、boolean、string、float 等，如需保存自定义数据类型，则通常需要将复杂类型的数据转换为 Base64 编码，再将转换后的数据以字符串的形式保存在 XML 文件中。

（2）数据只能在应用程序内共享。

（3）使用简单。

将数据存入 SharedPreferences 主要包括以下几步。

① 获得 SharedPreferences 对象。

```
SharedPreferences settings=getSharedPreferences("setting", MODE_PRIVATE);
```

② 获取一个 SharedPreferences.Editor 对象。

```
SharedPreferences.Editor editor=settings.edit();
```

③ 向 SharedPreferences.Editor 对象中添加数据。

```
editor.putString("name", "sohu");
```

④ 提交添加的数据。

```
editor.commit();
```

从 SharedPreferences 中读出数据主要包括以下几步。

① 获得 SharedPreferences 对象。

```
SharedPreferences settings=getSharedPreferences("setting", MODE_PRIVATE);
```

② 获取数据。

```
String name=settings.getString("name","");
```

3. 任务实施

第 4 章任务 1 操作

（1）参照 3.1 节的任务实施中的步骤（1），将项目 QQDemoV2 重命名为 QQDemoV3。考虑到在 QQDemoV2 中，已将 3 个 Activity 改为了 Fragment，所以这里将这 3 个 Activity 的 Java 文件删除，它们分别是 QQMessageActivity.java、QQContactActivity.java 和 QQPluginActivity.java。注意，在使用了自定义控件 MyCircleImageView 的地方，如果声明了自定义属性，则相关的代码也需要修改为 qqdemov3，如下所示。

```
xmlns:myimage="http://schemas.android.com/apk/res/cn.edu.szpt.qqdemov3"
```

（2）打开 LoginActivity.java 文件，添加成员变量 etQQNum、etQQPwd 和 chkRememberPwd。

```
private EditText etQQNum;

private EditText etQQPwd;

private CheckBox chkRememberPwd;
```

（3）在 LoginActivity.java 文件的 onCreate()方法中，通过 findViewById()方法获取布局文件中的相应控件，代码如下。

```
etQQNum= findViewById(R.id.etQQNum);

etQQPwd= findViewById(R.id.etQQPwd);

chkRememberPwd= findViewById(R.id.chkRememberPwd);
```

（4）在 LoginActivity.java 文件的 onCreate()方法中修改"登录"按钮监听器的相关代码，当用户点击"登录"按钮时，如果勾选了"记住密码"复选框，则先将用户输入的 QQ 号码和密码记录在 SharedPreferences 中，再跳转到 MainActivity，代码如下。

```java
btnLogin.setOnClickListener(new View.OnClickListener() {
    @Override
    public void onClick(View v) {
        if(chkRememberPwd.isChecked()) {
            SharedPreferences settings = getSharedPreferences(
                            "setting",MODE_PRIVATE);
            SharedPreferences.Editor editor = settings.edit();
            editor.putString("qqnum",etQQNum.getText().toString());
            editor.putString("pwd",etQQPwd.getText().toString());
            editor.commit();
        }
        Intent intent=new Intent(LoginActivity.this,MainActivity.class);
        startActivity(intent);
    }
});
```

（5）运行程序后，打开 Device File Explorer 窗口（一般在 Android Studio 界面的右下方），可以在相应的目录下找到 setting.xml 文件，如图 4-2 所示。

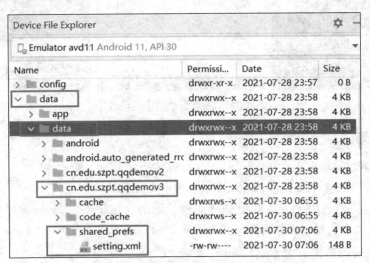

图 4-2　生成的 setting.xml 文件

（6）在 LoginActivity.java 文件中，在 onCreate()方法的末尾添加如下代码，当用户再次打开应用程序时，系统会自动填入 QQ 号码和密码。

```java
SharedPreferences settings = getSharedPreferences("setting", MODE_PRIVATE);
etQQNum.setText(settings.getString("qqnum",""));
etQQPwd.setText(settings.getString("pwd",""));
```

（7）单击工具栏中的 ▶ 按钮，运行程序，运行效果如图 4-1 所示。

4.2 任务 2 使用 SQLite 实现登录功能

1. 任务简介

QQDemoV2 中只是模拟实现了登录的功能，并未对用户名和密码进行验证。在本任务中，将通过 SQLite 实现用户登录的本地验证，若验证通过，则跳转到 MainActivity，否则给出提示信息，运行效果如图 4-3 所示。

图 4-3　登录验证功能的运行效果

2. 相关知识

（1）SQLite 概述。

SQLite 是一个流行的开源嵌入式数据库，它支持 SQL，具有占用内存少、运行性能好的突出优点，特别适用于嵌入式设备等比较受限的应用场景。Android 在运行时集成了 SQLite，所以每个 Android 应用程序都可以使用 SQLite 数据库。

SQLite 支持的数据类型分别是 null、integer、real（浮点数字）、text（字符串文本）和 blob（二进制对象），也可接收 varchar(n)、char(n)、decimal(p,s) 等数据类型的数据，但在运算或保存时会自动将它们转换为对应的 null 等 5 种数据类型。

一般情况下，可以采用 JDBC 访问数据库，但因为 JDBC 会消耗较多的系统资源，所以 Android 采用了专门的 API 来访问 SQLite，主要包括 SQLiteDatabase 和 SQLiteOpenHelper。

① SQLiteDatabase。一个 SQLiteDatabase 实例代表了一个 SQLite 的数据库，通过 SQLiteDatabase 实例的一些方法，可以执行 SQL 语句，对数据库进行增、删、查、改等操作。在 SQLite 中，SQL 语法基本上符合 SQL-92 标准，与主流的数据库基本类似。

SQLiteDatabase 类封装了一套操作数据库的 API，支持增、删、查、改操作，主要包括 execSQL()和 rawQuery()方法。

execSQL()：执行 insert、delete、update 和 create table 之类的有更改行为的 SQL 语句。

rawQuery()：执行 select 语句。该方法会返回一个 Cursor，这是 Android 的 SQLite 数据库游标。使用游标，用户可以在结果集中来回移动，每次对应一行数据，并可通过相应的 get 方法获取指定字段的值。

在实际应用中，为了避免 SQL 注入式攻击，通常会采用带参数的 SQL 语句，以 "？" 为 SQL 参数占位符，示例如下。

```
db.execSQL("insert into person(name, age) values ( ? ,? )",new Object[]
{"小张", 20} );
```

其中，第一个参数为 SQL 语句，第二个参数为 SQL 语句中占位符参数的值，参数值在数组中的顺序要和占位符的位置对应。

② SQLiteOpenHelper。在 Android 应用程序中使用 SQLite 时，必须手动创建数据库，再创建表、索引，填充数据。这样比较麻烦。因此，Android 提供了 SQLiteOpenHelper 类来帮助用户创建数据库，以及管理数据库的版本。SQLiteOpenHelper 是一个抽象类，通常需要继承它，并实现以下 3 个方法。

构造器方法：默认情况下需要 4 个参数，即上下文环境（如一个 Activity）、数据库名称、可选的游标工厂（通常为 null）和数据库版本。

onCreate()方法：在数据库第一次生成的时候会调用这个方法，一般在这个方法中生成数据库表。它需要一个 SQLiteDatabase 对象作为参数，根据需要对这个对象做填充表和初始化数据操作。

onUpgrade()方法：当数据库需要升级的时候，Android 会主动调用这个方法。一般在这个方法中删除旧的数据表并建立新的数据表。而是否需要进行其他的操作，完全取决于应用程序的需求。

（2）SQLite 基本操作示例。

这里通过一个示例来展示 SQLite 的基本操作。新建一个项目，并将其命名为 Ex04_ sqlite，切换到 activity_main.xml 布局文件，其设计界面及组件命名如图 4-4 所示。

新建一个类，并将其命名为 DatabaseHelper（继承自 SQLiteOpenHelper 类），重写相关方法，代码如下。

```
public class DatabaseHelper extends SQLiteOpenHelper {
    public DatabaseHelper(Context context, String name,
                    SQLiteDatabase.CursorFactory factory, int version) {
super(context, name, factory, version);
    }
    @Override
    public void onCreate(SQLiteDatabase db) {
    String sql = "CREATE TABLE Books(BookNo  integer not null, BookName text
not null );";
```

```
        Log.i("Ex04:","createDB="+sql);

        db.execSQL(sql);

    }

@Override

public void onUpgrade(SQLiteDatabase db, int oldVersion, int newVersion) {

    //这里暂时不考虑升级问题

    }

}
```

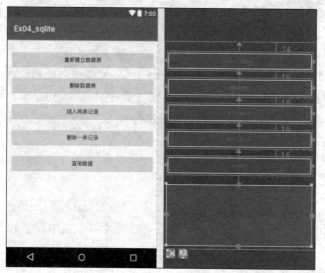

图 4-4　设计界面及组件命名

切换到 MainActivity.java 文件，定义如下成员变量。

```
private Button btnCreateTable;

private Button btnDropTable;

private Button btnInsert;

private Button btnDelete;

private Button btnQuery;

private TextView tvResult;

private DatabaseHelper helper;
```

在 MainActivity.java 文件中，依次定义 createTable()、dropTable()、insertData()、deleteData() 和 queryData()方法，具体代码如下。

```
private void createTable(){

SQLiteDatabase db=helper.getWritableDatabase();

String sql = "CREATE TABLE Books(BookNo  integer not null, BookName text not null )";

Log.i("Ex04","createTable="+ sql);
```

```
db.execSQL(sql);
tvResult.setText("重建表格成功");
}


private void dropTable(){
SQLiteDatabase db=helper.getWritableDatabase();
String sql = "Drop TABLE Books";
Log.i("Ex04","dropTable="+ sql);
db.execSQL(sql);
tvResult.setText("删除表格成功");
}


private void insertData(){
SQLiteDatabase db=helper.getWritableDatabase();
String sql = "Insert into Books(BookNo, BookName) values(?,?)";
Log.i("Ex04","insert="+sql);
db.execSQL(sql,new Object[]{1001,"面向对象程序设计（Java）"});
db.execSQL(sql,new Object[]{1002,"移动应用开发"});
tvResult.setText("插入两条数据");
}


private void deleteData(){
SQLiteDatabase db=helper.getWritableDatabase();
String sql = "delete from Books where BookNo=?";
 Log.i("Ex04","delete="+ sql);
db.execSQL(sql,new Object[]{1001});
tvResult.setText("删除一条数据");
}


private void queryData(){
 SQLiteDatabase db=helper.getWritableDatabase();
  String sql = "select * from Books";
 Log.i("Ex04","query="+sql);
  Cursor cursor = db.rawQuery(sql,null);
  StringBuilder s=new StringBuilder();
while(cursor.moveToNext()){
      s.append("书籍编号: " + cursor.getInt(cursor.getColumnIndex
```

```
                        ("BookNo")) +"\t");
            s.append("书籍名称: " +
                    cursor.getString(cursor.getColumnIndex("BookName")) + "\n");
        }
    tvResult.setText(s.toString());
    }
```

在 MainActivity.java 文件中，修改 onCreate()方法的代码，初始化成员变量，为 Button
控件设置监听器，实现相应的功能。

第 4 章任务 2 操作

3. 任务实施

（1）打开项目 QQDemoV3，新建包 cn.edu.szpt.qqdemov3.dbutils。

（2）在 cn.edu.szpt.qqdemov3.dbutils 包中新建类 Db_Params，以静态
常量形式存放数据库的相关参数。

```
public class Db_Params {
    public static final String DB_NAME="QQ_DB";
    public static final int DB_VER=1;
}
```

（3）在包 cn.edu.szpt.qqdemov3.dbutils 包中新建类 MyDbHelper，该类继承自 SQLite-
OpenHelper 类，并重写相关方法，用于创建数据库，并初始化数据。

```
public class MyDbHelper extends SQLiteOpenHelper {
    public MyDbHelper(Context context) {
        super(context, Db_Params.DB_NAME, null, Db_Params.DB_VER);
    }


    @Override
    public void onCreate(SQLiteDatabase db) {
        String sql = "CREATE TABLE [QQ_Login](" +
                " [qq_num] VARCHAR(20) PRIMARY KEY NOT NULL, " +
                " [qq_name] VARCHAR NOT NULL, " +
                " [qq_pwd] VARCHAR NOT NULL, [qq_img] INT, " +
                " [qq_online] VARCHAR, [qq_action] VARCHAR, " +
                " [belong_country] VARCHAR);";
        db.execSQL(sql);
        initData(db);
    }


    private void initData(SQLiteDatabase db) {
```

```java
        String countries[] = new String[]{"蜀", "魏", "吴"};
        String nums[][] = new String[][]{
                {"1001", "1002", "1003", "1004", "1005", "1006"},
                {"2001", "2002", "2003"}, {"3001", "3002", "3003"}};
        String names[][] = new String[][]{
                {"刘备", "关羽", "张飞", "赵云", "黄忠", "魏延"},
                {"曹操", "许褚", "张辽"}, {"孙权", "鲁肃", "吕蒙"}};
        int icons[][] = new int[][]{
                {R.drawable.liubei, R.drawable.guanyu, R.drawable.zhangfei,
                 R.drawable.zhaoyun, R.drawable.huangzhong,
                    R.drawable.weiyan},
                {R.drawable.caocao, R.drawable.xuchu, R.drawable.zhangliao},
                {R.drawable.sunquan, R.drawable.lusu, R.drawable.lvmeng}
        };
        String sql = "insert into QQ_Login(qq_num,qq_name,qq_pwd,qq_img,"
                + "qq_online,qq_action,belong_country) " +
                " values(?,?,?,?,?,?,?)";
        for (int i = 0; i < countries.length; i++)
            for (int j = 0; j < names[i].length; j++) {
                db.execSQL(sql, new Object[]{nums[i][j], names[i][j],
                        "123456", icons[i][j], "5G在线",
                        "天天向上", countries[i]});
            }
    }


@Override
public void onUpgrade(SQLiteDatabase db, int oldVersion, int newVersion) {

    }
}
```

（4）根据 QQ_Login 表的定义，修改 cn.edu.szpt.qqdemov3.beans 包中的 QQContact 类，添加两个成员变量，代码如下。同时，添加对应的 getter、setter 及带 6 个参数的构造器方法，注意此时原有的 4 个参数的构造器方法不变。

```java
private String qq_num;
private String belong_country;
```

（5）在 MainActivity.java 文件中，添加一个公有的静态变量 loginedUser，用于存储登录用户的相关信息。

```
public static QQContactBean loginedUser;
```

（6）切换到 LoginActivity.java 文件，修改 onCreate()方法中"登录"按钮的监听器处理代码，实现本地数据库的验证功能。

```
btnLogin.setOnClickListener(new View.OnClickListener() {
    @Override
    public void onClick(View v) {
        MyDbHelper helper = new MyDbHelper(LoginActivity.this);
        SQLiteDatabase db = helper.getReadableDatabase();
        String sql = "select * from QQ_Login where qq_num=? and qq_pwd=?";
        Cursor cursor = db.rawQuery(sql, new String[]{
                    etQQNum.getText().toString(),
                    etQQPwd.getText().toString()});
        if (cursor.moveToNext()) {
            MainActivity.loginedUser = new QQContactBean(
                    cursor.getString(cursor.getColumnIndex("qq_num")),
                    cursor.getString(cursor.getColumnIndex("qq_name")),
                    cursor.getInt(cursor.getColumnIndex("qq_img")),
                    cursor.getString(cursor.getColumnIndex("qq_online")),
                    cursor.getString(cursor.getColumnIndex("qq_action")),
                    cursor.getString(cursor.getColumnIndex("belong_country")));
            //省略记录用户名和密码及跳转 Activity 的相关代码
        } else {
            Toast.makeText(getApplicationContext(),"用户名或密码错误",
                                        Toast.LENGTH_LONG).show();
        }
    }
});
```

（7）运行程序，若登录验证通过，则进入主界面，即 QQ 消息界面，否则给出错误提示信息，运行效果如图 4-3 所示。

4.3　任务 3　使用 SQLite 实现联系人管理功能

1. 任务简介

本任务将借助本地 SQLite 数据库，实现从数据库中读取、添加和删除联系人信息的功能。完成本任务后，将掌握数据库中数据的插入和删除操作、数据界面的刷新操作、自定义对话框的使用，以及对话框与 Fragment 的信息交互。程序运行效果如图 4-5 所示。

图 4-5　联系人管理功能运行效果

2. 相关知识

（1）数据库的升级。

在本任务中，需要在原有数据库的基础上添加新的数据表，以描述联系人信息。此时数据库已经创建，如果通过重写 SQLiteOpenHelper 的 onCreate()方法来创建新的表，将不会起作用，因为 onCreate()方法只在第一次创建数据库时调用。此时，可以用以下两种方法添加新的数据表。

① 找到创建的数据库文件，将其删除，再重新运行程序即可。打开 Device File Explorer 窗口，如图 4-6 所示。找到 data/data/cn.edu.szpt.qqdemov3/databases 目录，删除该目录中的 QQ_DB 和 QQ_DB-journal 文件。

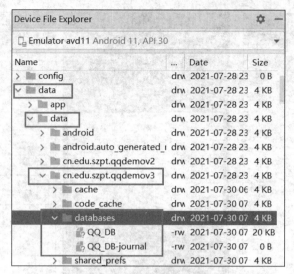

图 4-6　删除 QQ_DB 和 QQ_DB-journal 文件

② 保持 SQLiteOpenHelper 中的 onCreate()方法不变，重写 onUpgrade()方法，执行新建表的 SQL 语句，但此时需要将数据库的版本修改为一个大于原版本的整数，运行程序后，将会自动执行该段代码，修改数据库的结构。

（2）适配器控件的数据刷新。

对于适配器控件，当数据发生变化时，往往通过调用其关联的适配器对象中的 notifyDataSetChanged()方法进行刷新。但要注意，使用 adapter.notifyDataSetChanged()方法刷新适配器控件的显示内容时，必须保证传进适配器的数据集合与前面绑定的数据集合是同一个对象，否则无法更新。

（3）使用 DialogFragment 自定义对话框。

DialogFragment 是在 Android 3.0 中被引入的，是一种特殊的 Fragment，用于在 Activity 的内容上打开一个模态的对话框，如警告框、输入框、确认框等。

DialogFragment 本身是 Fragment 的子类，其生命周期和 Fragment 基本一样，使用 DialogFragment 来管理对话框，在旋转屏幕和按下后退键的时候可以更好地管理对话框的生命周期。

要使用 DialogFragment 实现自定义对话框，只需要继承 DialogFragment 类，再重写 onCreateView()或者 onCreateDialog()方法即可。其中，onCreateView()方法可以使用定义的 XML 布局文件展示对话框；onCreateDialog()方法用 AlertDialog 或者 Dialog 创建对话框。调用对话框时，只需要创建对象，并调用 show()方法即可。

3．任务实施

第 4 章任务 3 操作-1

（1）要实现联系人管理功能，需要新建一张表 QQ_Contact，用于记录每个用户的联系人关系，表的结构如图 4-7 所示。其中，contactId 为主键，为自动增量，qq_num 表示联系人的 QQ 号码，belong_qq 表示联系人所属用户的 QQ 号码。

108

General | Columns | Primary Key | Indexes | Triggers | Foreign Keys | Unique Constraints

RecNo	Column Name	SQL Type	Size	Precision	PK	Default Value	Not Null
1	contactId	INTEGER			✔		✔
2	qq_num	VARCHAR					✔
3	belong_qq	VARCHAR					✔

图 4-7 QQ_Contact 表的结构

（2）为了方便访问，再定义一个视图——view_Contact，使 QQ_Contact 表左连接 QQ_Login 表，SQL 语句如下。

```
SELECT [u].[contactId], [u].[belong_qq], [v].*
FROM   [QQ_Contact] [u]
LEFT JOIN [QQ_Login] [v] ON [u].[qq_num] = [v].[qq_num]
```

（3）打开 Device File Explorer 窗口，如图 4-6 所示，找到 data/data/cn.edu.szqt.qqdemov3/databases 目录，删除其中的 QQ_DB 和 QQ_DB-journal 文件。

（4）打开 QQDemoV3 项目的 cn.edu.szpt.qqdemov3.dbutils 包中的 MyDbHelper.java 文件，修改 onCreate()方法，在调用 initData(db)方法的语句前添加如下代码。

```
  //创建 QQ_Contact 表
  sql="CREATE TABLE [QQ_Contact](" +
      "[contactId] INTEGER PRIMARY KEY AUTOINCREMENT NOT NULL, "
      +"  [qq_num] VARCHAR NOT NULL, [belong_qq] VARCHAR NOT NULL);";
  db.execSQL(sql);

//创建 view_Contact 视图
sql="CREATE VIEW [view_Contact] AS" +
" SELECT [u].[contactId], [u].[belong_qq], [v].* FROM   [QQ_Contact] [u]"
     +"  LEFT JOIN [QQ_Login] [v] ON [u].[qq_num] = [v].[qq_num];";
  db.execSQL(sql);
```

（5）修改 MyDbHelper 类中的 initData()方法，在末尾添加如下代码，用于初始化 QQ_Contact 表的数据。

```
sql="insert into QQ_Contact(qq_num,belong_qq) values(?,?)";
for(int i=0;i<nums.length;i++)
    for(int j=0;j<nums[i].length;j++){
        if(!nums[i][j].equals("1002"))
            db.execSQL(sql,new Object[]{nums[i][j], "1002"});
    }
```

（6）在 QQDemoV2 项目中，QQ 联系人界面中显示的登录用户头像是固定不变的。这里需要使头像随登录用户的不同而变化。打开 QQContactFragment.java 文件，添加成员变量 logined_img 并指向界面中的 ImageView 控件。

```
private ImageView logined_img;
```

在 onCreateView()方法中，通过 findViewById()方法找到相应的控件，并实现登录用户头像显示功能，代码如下。

```java
logined_img = (ImageView) view.findViewById(R.id.imgLoginIcon);
logined_img.setImageResource(MainActivity.loginedUser.getQq_icon());
```

（7）修改 QQContactFragment.java 文件中的 initialData()方法，实现从数据库中读取登录用户的联系人信息功能，代码如下。

```java
private void initialData() {
    groupData.clear();
    childData.clear();
    MyDbHelper helper = new MyDbHelper(getActivity());
    SQLiteDatabase db = helper.getReadableDatabase();
    String sql = "select distinct belong_country  from view_Contact " +
                                        " where belong_qq=?";
    Cursor groupCursor = db.rawQuery(sql,
                    new String[]{MainActivity.loginedUser.getQq_num()});
    while (groupCursor.moveToNext()) {
        String countryname = groupCursor.getString(
                        groupCursor.getColumnIndex("belong_country"));
        groupData.add(countryname);
        sql = "select * from view_Contact where belong_qq=? " +
                                        " and belong_country=?";
        Cursor cursor = db.rawQuery(sql, new String[]{
                            MainActivity.loginedUser.getQq_num(),
                                        countryname});
        List<QQContactBean> list = new ArrayList<QQContactBean>();
        while (cursor.moveToNext()) {
            QQContactBean p = new QQContactBean(
                    cursor.getString(cursor.getColumnIndex("qq_num")),
                    cursor.getString(cursor.getColumnIndex("qq_name")),
                    cursor.getInt(cursor.getColumnIndex("qq_img")),
                    cursor.getString(cursor.getColumnIndex("qq_online")),
                    cursor.getString(cursor.getColumnIndex("qq_action")),
                cursor.getString(cursor.getColumnIndex("belong_country"))
                );
            list.add(p);
        }
        childData.put(countryname, list);
```

```
      }
    }
```

（8）完成联系人信息展示之后，需要实现联系人的添加和删除功能。打开 res/values 目录中的 strings.xml 文件，添加本任务需要用到的字符串资源，代码如下。

```
<string name="menuitem_newcontact">新增联系人</string>
<string name="menuitem_delcontact">删除联系人</string>
<string name="dlg_tvTitle">新增联系人</string>
<string name="dlg_btnOK">加好友</string>
<string name="dlg_btnCancel">取消</string>
<string name="dlg_tvChooseContact">请选择要加为好友的联系人：</string>
```

（9）这里使用上下文菜单显示选项。参照第 3 章有关菜单的介绍，在 res/menu 目录中新建 menu_contact.xml 文件，定义相关的菜单项。

```
<?xml version="1.0" encoding="utf-8"?>
  <menu xmlns:app="http://schemas.android.com/apk/res-auto"
        xmlns:android="http://schemas.android.com/apk/res/android">
  <item android:id="@+id/menuitem_newcontact"
        android:title="@string/menuitem_newcontact" />
  <item android:id="@+id/menuitem_delcontact"
        android:title="@string/menuitem_delcontact" />
</menu>
```

（10）打开 QQContactFragment.java 文件，重写 onCreateContextMenu()方法，当用户长按指定控件时，显示上下文菜单。这里要求当用户长按组数据项时，不显示上下文菜单；当用户长按子数据项时，显示菜单，代码如下。

```
public void onCreateContextMenu(ContextMenu menu, View v,
            ContextMenu.ContextMenuInfo menuInfo) {
  super.onCreateContextMenu(menu, v, menuInfo);
  ExpandableListView.ExpandableListContextMenuInfo info =
  (ExpandableListView.ExpandableListContextMenuInfo) menuInfo;
  long packedPosition = info.packedPosition;
  //用于判断是组数据项还是子数据项，0 表示组数据项，1 表示子数据项
  int packedPositionType = ExpandableListView.getPackedPositionType(
                                    packedPosition);
  if(packedPositionType==1)
      getActivity().getMenuInflater().inflate(R.menu.menu_contact, menu);
}
```

（11）在 QQContactFragment.java 文件的 onCreateView()方法中，将上下文菜单注册到 ExpandableListView 对象上。其中，exlvContact 就是对应的 ExpandableListView 对象。

```
registerForContextMenu(exlvContact);
```

第 4 章任务 3 操作-2

（12）在 QQContactFragment.java 文件中重写 onContextItemSelected()方法，实现对菜单项的响应，代码如下。

```java
@Override
public boolean onContextItemSelected(MenuItem item) {
        switch (item.getItemId()) {
    case R.id.menuitem_delcontact:
        deleteContact(item);
        break;
    case R.id.menuitem_newcontact:
        showNewContactDialog();
        break;
    }
    return super.onContextItemSelected(item);
}
```

其中，deleteContact(item)方法用于实现删除联系人的功能，showNewContact Dialog()方法用于实现添加联系人的功能，下面来具体实现。

（13）添加 deleteContact(MenuItem item)方法，实现删除联系人的功能，代码如下。

```java
private void deleteContact(MenuItem item){
    ExpandableListView.ExpandableListContextMenuInfo info =
            (ExpandableListView.ExpandableListContextMenuInfo)
                                                item.getMenuInfo();
    int group_pos = ExpandableListView.getPackedPositionGroup(
                                            info.packedPosition);
    int child_pos = ExpandableListView.getPackedPositionChild(
                                            info.packedPosition);
    QQContactBean contactBean = childData.get(groupData.get(group_pos))
                                                .get(child_pos);
    MyDbHelper helper = new MyDbHelper(getContext());
    SQLiteDatabase db = helper.getWritableDatabase();
    String sql = "delete from QQ_Contact where qq_num=? and belong_qq=?";
    db.execSQL(sql, new Object[]{contactBean.getQq_num(),
                        MainActivity.loginedUser.getQq_num()});
    childData.get(groupData.get(group_pos)).remove(child_pos);
    adapter.notifyDataSetChanged();
}
```

（14）添加联系人，这里采用对话框的形式实现。在 res/layout 目录中新建对话框布局文件 dialog_newcontact.xml，对话框布局效果及结构如图 4-8 所示。

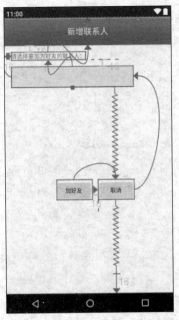

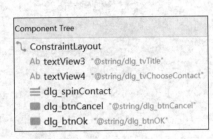

图 4-8　对话框布局效果及结构

（15）新建包 cn.edu.szpt.qqdemov3.dialogs，在该包中新建类 NewContactDialog，该类继承自 DialogFragment 类，代码如下。

```java
public class NewContactDialog extends DialogFragment {
    private Spinner spinContact;
    private Button btnOk,btnCancel;


    @Override
    public View onCreateView(LayoutInflater inflater, ViewGroup container,
                                        Bundle savedInstanceState) {

        View view = inflater.inflate(
                            R.layout.dialog_newcontact,container,false);
        spinContact= view.findViewById(R.id.dlg_spinContact);
        btnOk = view.findViewById(R.id.dlg_btnOk);
        btnCancel = view.findViewById(R.id.dlg_btnCancel);
        ArrayAdapter<String> adapter = new ArrayAdapter<String>(
            getContext(), R.layout.support_simple_spinner_dropdown_item,
            getFriendsList());
        spinContact.setAdapter(adapter);
        btnCancel.setOnClickListener(new View.OnClickListener() {
            @Override
            public void onClick(View v) {
```

```
                    dismiss();
                }
            });
        btnOk.setOnClickListener(new View.OnClickListener() {
            @Override
            public void onClick(View v) {
                MyDbHelper helper=new MyDbHelper(getContext());
                SQLiteDatabase db=helper.getWritableDatabase();
                String sql="insert into QQ_Contact(qq_num,belong_qq) " +
                                                    " values(?,?)";
                String qq_num=spinContact.getSelectedItem()
                                    .toString().split("\t\t")[0];
                db.execSQL(sql,new Object[]{qq_num,
                                MainActivity.loginedUser.getQq_num()});
                dismiss();
            }
        });
        return view;
    }


    private List<String> getFriendsList(){
        MyDbHelper helper=new MyDbHelper(getContext());
        SQLiteDatabase db=helper.getReadableDatabase();
        String sql="select * from QQ_Login where qq_num not in(" +
                "select qq_num from QQ_Contact where belong_qq=?) " +
                                            " and qq_num <> ?";
        Cursor cursor = db.rawQuery(sql,new String[]{
                            MainActivity.loginedUser.getQq_num(),
                            MainActivity.loginedUser.getQq_num()});
        List<String> list = new ArrayList<String>();
        while (cursor.moveToNext()){
            list.add(cursor.getString(cursor.getColumnIndex("qq_num")) +
                "\t\t" +cursor.getString(cursor.getColumnIndex("qq_name")));
        }
        return list;
    }
}
```

（16）切换到 QQContactFragment.java 文件，添加 showNewContactDialog()方法，实现添加联系人功能，代码如下。

```
private void showNewContactDialog(){
  NewContactDialog dialog = new NewContactDialog();
  dialog.show(getFragmentManager(),"NewContact");
}
```

（17）运行程序，可以成功添加新的联系人，但未同步刷新联系人列表。与删除联系人类似，需要先更新数据集，然后调用 adapter 的 notifyDataSetChanged()方法刷新列表。这里将遇到一个问题，就是 QQContactFragment 不知道用户什么时候点击的"加好友"按钮，因为"加好友"按钮处于两个类中。要解决这个问题，有两种思路，一种是将数据集和 adapter 对象传递给对话框对象，这样就可以在点击"加好友"按钮后直接刷新；另一种就是仿照按钮的监听器，给对话框类加上一个完成添加联系人的接口，使用方式类似于按钮的监听器。这里采用后一种思路解决。在 cn.edu.szpt. qqdemov3.dialogs 包中新建 OnDialogCompletedListener 接口，声明 onCompleted()方法，代码如下。

```
public interface OnDialogCompletedListener {
    void onCompleted();
}
```

（18）在 NewContactDialog 类中添加该接口类型的私有成员和相应的 set 方法，代码如下。

```
private OnDialogCompletedListener listener;

public void setListener(OnDialogCompletedListener listener) {
    this.listener = listener;
}
```

（19）在 NewContactDialog 类的 onCreateView()方法中，找到"加好友"按钮的点击事件回调方法，在 dismiss()方法前添加以下粗体所示的代码。

```
btnOK.setOnClickListener(new View.OnClickListener() {
    @Override
    public void onClick(View v) {
        //省略部分代码
        listener.onCompleted();
        dismiss();
    }
});
```

（20）在 QQContactFragment 中修改 showNewContactDialog()方法，实现数据刷新功能，代码如下。

```
private void showNewContactDialog(){
    NewContactDialog dialog = new NewContactDialog();
```

```
    dialog.setListener(new OnDialogCompletedListener() {
        @Override
        public void onCompleted() {
            initialData();
            adapter.notifyDataSetChanged();
        }
    });
    dialog.show(getFragmentManager(),"NewContact");
}
```

（21）实现界面中的"加好友"按钮的功能，在 QQContactFragment 中添加成员变量 tv_AddBtn，在 onCreateView()方法中的"return view;"语句之前添加该按钮的事件处理代码，如粗体部分所示。然后运行程序，运行效果如图 4-5 所示。

```
public class QQContactFragment extends Fragment implements
OnDialogCompleted{
    //省略未发生变化的代码
    private TextView tv_AddBtn;

    public View onCreateView(LayoutInflater inflater,
                    ViewGroup container,  Bundle savedInstanceState) {
        //省略部分代码
        tv_AddBtn = (TextView) view.findViewById(R.id.tv_AddBtn);
        tv_AddBtn.setOnClickListener(new View.OnClickListener() {
          @Override
          public void onClick(View v) {
                showNewContactDialog();
          }
        });
    return view;
    }
    //省略部分代码
}
```

4.4 任务 4 使用 ContentProvider 整合本机联系人信息

1. 任务简介

在本任务中将完成两项工作：将头像文件保存在手机的外部存储空间（外存）中，方便以后的修改和维护；使用系统提供的 ContentProvider 访问本机联系人，并将其显示在 QQ

联系人界面中。程序的运行效果如图 4-9 所示。

图 4-9 程序的运行效果

2. 相关知识

ContentProvider 为 Android 四大组件之一，主要用于实现应用程序之间的数据共享，也就是说，一个应用程序可以通过 ContentProvider 将自己的数据暴露出来，其他应用程序则通过 ContentResolver 对其暴露出来的数据进行增、删、改、查操作。

同一个 Android 设备中可以存在多个 ContentProvider，为了便于管理和访问，每个 ContentProvider 必须有唯一标志，用 URI 表示。URI 的形式类似于网址，其构成如图 4-10 所示。

① 所有 ContentProvider 的 URI 必须以"content://"开头，这是 Android 规定的。

② Authority 是一个字符串，它由开发者自己定义，用于唯一标识一个 ContentProvider。系统会根据这个标志查找 ContentProvider。

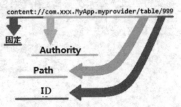

图 4-10 URI 的构成

③ Path 也是字符串，表示要操作的数据集，类似于数据库中的表，可根据自己的实现逻辑来指定，如"content://contacts/people"表示要操作 ContentProvider 为 contacts 的 people 表。

④ ID 用于区分表中的不同数据，如"content://com.android.contacts/people/10"表示要操作 people 表中 ID 为 10 的行（记录）。

（1）自定义 ContentProvider。

A 程序通过 ContentProvider 来暴露数据，基本步骤如下。

① 实现一个 ContentProvider 的子类，并重写 query()、insert()、update()、delete()等方法。

② 在 AndroidManifest.xml 文件中注册 ContentProvider，指定 android:authorities 属性等。

B 程序通过 ContentResolver 来操作 A 程序暴露出来的数据，基本步骤如下。

① 通过 context 的 getContentResolver()方法获取 ContentResolver 对象。

② 通过 ContentResolver 对象的 query()、insert()、update()、delete()方法进行操作。

因此，要演示 ContentProvider 的使用，需要创建两个项目：一个项目包含 ContentProvider，在 ContentProvider 中初始化了一个数据库；而在另一个项目中，通过 ContentResolver（内容解析者）来操作 ContentProvider 中的数据，如插入一条数据，需要调用 ContentResolver 的 insert(uri, ContentValues)方法，将 URI 和 ContentValues 对象经过一系列操作传递到 ContentProvider 中，ContentProvider 会对这个 URI 进行匹配，如果匹配成功，则按照用户的需求去执行相应的操作。

下面通过一个简单的例子来说明如何自定义 ContentProvider。按照默认设置创建项目，并将其命名为 Ex04_contentprovider。在该项目中，新建一个数据库辅助类 DbHelper，用于数据库的创建和管理，在本例中，创建的数据库名为 test.db，其中包含一张名为 users 的表。

```java
public class DbHelper extends SQLiteOpenHelper {
private static final String DATABASE_NAME = "test.db";
private static final int DATABASE_VERSION = 1;

public DbHelper(Context context) {
    super(context, DATABASE_NAME, null, DATABASE_VERSION);
}

@Override
public void onCreate(SQLiteDatabase db) {
    //创建表
    db.execSQL("CREATE TABLE IF NOT EXISTS  users "
            + "(_id INTEGER PRIMARY KEY ,name VARCHAR NOT NULL);");
}

@Override
public void onUpgrade(SQLiteDatabase db, int oldVersion, int newVersion) {

    }

}
```

在 Ex04_contentprovider 项目中新建一个类 MyContentProvider，该类继承自 ContentProvider 类，分别重写其中的 onCreate()、query()、insert()、delete()、update()和 getType()方法。

```java
public class MyContentProvider extends ContentProvider {
    private SQLiteDatabase db=null;
    private DbHelper dbhelper=null;
```

```
    //这里的 AUTHORITY 就是在 AndroidManifest.xml 中配置的 authorities
    //这里的 authorities 由用户自定义，但需要与 AndroidManifest.xml 中的名称一致
private static final String AUTHORITY = "cn.edu.szpt.mycontentprovider";
    //匹配成功后的匹配码，用户自由定义
    private static final int MATCH_ALL_CODE = 1;
    private static final int MATCH_ONE_CODE = 2;
    private static final UriMatcher mMatcher;
    //在静态代码块中添加要匹配的 URI
    static {
        //匹配不成功，返回 NO_MATCH
        mMatcher = new UriMatcher(UriMatcher.NO_MATCH);
        /**
         * mMatcher.addURI(authority, path, code); 其中
         * authority: 主机名（用于唯一标识一个 ContentProvider，其需要和清单文件
         *中的 authorities 的属性相同）
         * path:路径（可以用于表示用户要操作的数据，路径的构建应根据业务而定）
         * code:返回值（用于在匹配 URI 时，作为匹配成功的返回值）
         */
        mMatcher.addURI(AUTHORITY, "users", MATCH_ALL_CODE);   //匹配记录集合
        mMatcher.addURI(AUTHORITY, "users/#", MATCH_ONE_CODE);//匹配单条记录
    }


@Override
public boolean onCreate() {
    dbhelper = new DbHelper(this.getContext());
    db=dbhelper.getWritableDatabase();
    return false;
}


@Nullable
@Override
public Cursor query(Uri uri, @Nullable String[] projection,
        String selection,  String[] selectionArgs,  String sortOrder) {
    Cursor cursor=null;
    switch (mMatcher.match(uri)) {
        //如果匹配成功，则根据条件查询数据并将查询出的 cursor 返回
        case MATCH_ALL_CODE:
```

```
                cursor = db.query("users", projection,
                                    null,null, null, null, null);
            break;
        case MATCH_ONE_CODE:
            //根据条件查询一条数据
            cursor=db.query("users",projection,"_id=?",
                new String[]{uri.getLastPathSegment()},null,null,sortOrder);
            break;
        default:
            throw new IllegalArgumentException("未知的URI:" + uri.toString());
    }
    return cursor;
}


@Override
public String getType(@NonNull Uri uri) {
    return null;
}


@Override
public Uri insert(@NonNull Uri uri, @Nullable ContentValues values) {
    long rowid;
    int match=mMatcher.match(uri);
    if(match!=MATCH_ALL_CODE){
        throw new IllegalArgumentException("未知的URI:" + uri.toString());
}
    rowid=db.insert("users", null, values);
    if(rowid>0){
        Uri insertUri = ContentUris.withAppendedId(uri, rowid);
        return insertUri;
    }
    return null;
}


@Override
public int delete(@NonNull Uri uri, @Nullable String selection,
                                @Nullable String[] selectionArgs) {
```

```
        int count=0;
    switch (mMatcher.match(uri)) {
        case MATCH_ALL_CODE:
            count=db.delete("users", null, null);
            break;
        case MATCH_ONE_CODE:
            // 这里可以进行删除单条数据的操作
            count=db.delete("users","_id=?",
                            new String[]{uri.getLastPathSegment()});
            break;
        default:
            throw new IllegalArgumentException("未知的URI:"+ uri.toString());
    }

    return count;

}


@Override
public int update(@NonNull Uri uri, @Nullable ContentValues values,
            @Nullable String selection, @Nullable String[] selectionArgs) {
    int count=0;
    switch (mMatcher.match(uri)) {
        case MATCH_ONE_CODE:
            count = db.update("users", values, "_id=?",
                            new String[]{uri.getLastPathSegment()});
            break;
        case MATCH_ALL_CODE:
            count = db.update("users", values, null,null);
            break;
        default:
            throw new IllegalArgumentException("未知的URI:"
                                                + uri.toString());
    }
    return count;

    }
}
```

在 AndroidMainifest.xml 文件的 application 节中声明该 ContentProvider，ContentProvider 定义完成。

```
<provider
    android:authorities="cn.edu.szpt.mycontentprovider"
    android:name=".MyContentProvider"
    android:exported="true"></provider>
```

新建项目 Ex04_contentproviderTest，修改其布局文件 activity_main.xml，其界面设计及结构如图 4-11 所示。

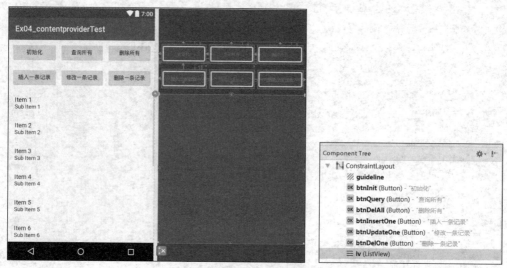

图 4-11　activity_main.xml 文件的界面设计及结构

因为需要操作 users 表中的数据，所以在该项目中添加实体类 UserBean，定义两个成员变量（int _id 和 String name），并生成构造器方法及相应的 getter 和 setter 方法，具体代码此处省略。

因为需要使用 ListView 显示数据，所以需要设计数据项的布局。新建布局文件 item_userlist.xml，其布局效果及结构如图 4-12 所示。

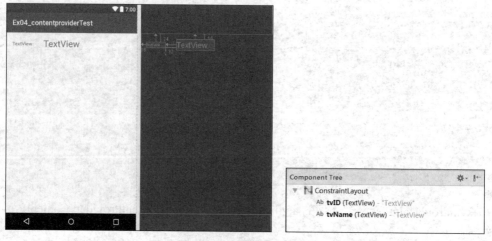

图 4-12　布局效果及结构

在项目 Ex04_contentproviderTest 中新建 MyAdapter 类，该类继承自 BaseAdapter 类，并重写相关方法，代码如下。

```
public class MyAdapter extends BaseAdapter {
  private Context context;
  private List<UserBean>userBeanList;

  public MyAdapter(Context context, List<UserBean> userBeanList) {
    this.context = context;
    this.userBeanList = userBeanList;
  }

  @Override
  public int getCount() {
    return userBeanList.size();
  }

  @Override
  public Object getItem(int position) {
    return userBeanList.get(position);
  }

  @Override
  public long getItemId(int position) {
    return position;
  }

  @Override
  public View getView(int position, View convertView, ViewGroup parent) {
    if(convertView==null){
      convertView= LayoutInflater.from(context).inflate(
                      R.layout.item_userlist,parent, false);
    }
    TextView tvid= convertView.findViewById(R.id.tvID);
    TextView tvName= convertView.findViewById(R.id.tvName);
    UserBean userBean = userBeanList.get(position);
    tvid.setText(userBean.get_id()+"");
    tvName.setText(userBean.getName());
```

```
        return convertView;
    }
}
```

在项目 Ex04_contentproviderTest 中，打开 MainActivity.java 文件，定义如下成员变量及相关静态常量。

```
private ContentResolver contentResolver;
private MyAdapter adapter;
private List<UserBean> data;
private static final String AUTHORITY = "cn.edu.szpt.mycontentprovider";
private static final Uri USERS_ALL_URI = Uri.parse("content://" +
                                          AUTHORITY +"/users");
```

修改 MainActivity.java 文件中的 onCreate()方法，初始化相关成员变量。

```
contentResolver = getContentResolver();
data=new ArrayList<UserBean>();
adapter=new MyAdapter(this,data);
listView.setAdapter(adapter);
```

编写通过 ContentResolver 访问 ContentProvider 获取数据的相关代码。

```
data.clear();
//通过 ContentResolver 访问指定的 ContentProvider 对象
Cursor cursor = contentResolver.query(USERS_ALL_URI, null, null, null,null);
while(cursor.moveToNext()){
    UserBean userBean = new UserBean(
            cursor.getInt(cursor.getColumnIndex("_id")),
            cursor.getString(cursor.getColumnIndex("name")));
    data.add(userBean);
}
cursor.close();
```

编写通过 ContentResolver 操作 ContentProvider 添加一条数据的相关代码。

```
UserBean u = new UserBean(6,"小明");
//实例化一个 ContentValues 对象
ContentValues insertContentValues = new ContentValues();
insertContentValues.put("_id",u.get_id());
insertContentValues.put("name",u.getName());
/*这里的 URI 和 ContentValues 对象经过一系列处理之后会传到 ContentProvider 的
insert 方法中*/
//在用户自定义的 ContentProvider 中进行匹配操作
contentResolver.insert(USERS_ALL_URI,insertContentValues);
```

编写通过 ContentResolver 操作 ContentProvider 修改数据的相关代码。

```
ContentValues contentValues = new ContentValues();

contentValues.put("name","修改名字");

//生成的 URI 为 content://cn.edu.szpt.mycontentprovider/users/5

Uri updateUri = ContentUris.withAppendedId(USERS_ALL_URI,5);

contentResolver.update(updateUri,contentValues, null, null);
```

编写通过 ContentResolver 操作 ContentProvider 删除所有数据的相关代码。

```
contentResolver.delete(USERS_ALL_URI, null, null);
```

编写通过 ContentResolver 操作 ContentProvider 删除 ID 为 1 的数据的相关代码。

```
//删除 ID 为 1 的记录

Uri delUri = ContentUris.withAppendedId(USERS_ALL_URI,1);

contentResolver.delete(delUri, null, null);
```

修改 MainActivity.java 文件中的 onCreate()方法，找到界面中的按钮，并添加相应的监听器，在回调方法中参照前面给出的代码，实现增、删、改、查功能。注意，增、删、改操作完成后，需要调用 Adapter 刷新数据，代码如下。

```
adapter.notifyDataSetChanged();
```

运行时，需要先将 Ex04_contentprovider 应用程序安装到模拟器中，然后再运行 Ex04_contentproviderTest，此时，如果点击“插入一条记录”按钮，程序将会退出，查看 Logcat，显示“Unknown URLcontent:// cn.edu.szpt.mycontentprovider/users”错误，如图 4-13 所示。

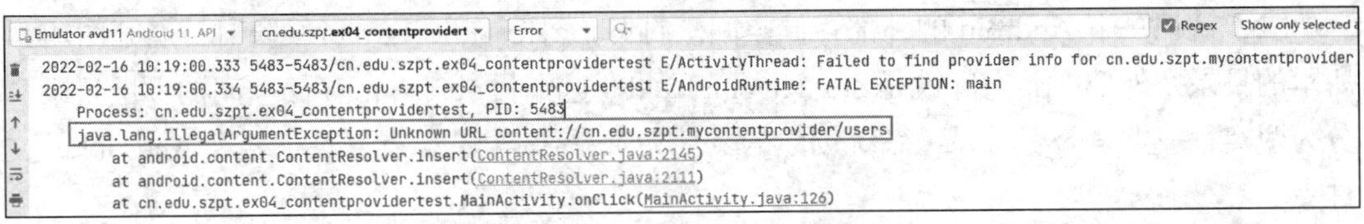

```
Emulator avd11 Android 11, API ▾  cn.edu.szpt.ex04_contentprovidert ▾  Error ▾   Q▾                                    ☑ Regex  Show only selected
2022-02-16 10:19:00.333 5483-5483/cn.edu.szpt.ex04_contentprovidertest E/ActivityThread: Failed to find provider info for cn.edu.szpt.mycontentprovider
2022-02-16 10:19:00.334 5483-5483/cn.edu.szpt.ex04_contentprovidertest E/AndroidRuntime: FATAL EXCEPTION: main
  Process: cn.edu.szpt.ex04_contentprovidertest, PID: 5483
  java.lang.IllegalArgumentException: Unknown URL content://cn.edu.szpt.mycontentprovider/users
    at android.content.ContentResolver.insert(ContentResolver.java:2145)
    at android.content.ContentResolver.insert(ContentResolver.java:2111)
    at cn.edu.szpt.ex04_contentprovidertest.MainActivity.onClick(MainActivity.java:126)
```

图 4-13 Unknown URL 错误

这是在 Android 11 及之后的版本才会出现的问题，简单来说，就是出于安全考虑。Android 11 要求程序如果要访问其他软件包的数据（如 ContentProvider），需要在其 AndroidManifest.xml 文件里声明“<queries></queries>”，用来指明要访问的其他软件包。这里需要在 Ex04_contentproviderTest 应用程序的 AndroidManifest.xml 文件里进行声明，代码如下。

```
<manifest xmlns:android="http://schemas.android.com/apk/res/android"

    xmlns:tools="http://schemas.android.com/tools"

    package="cn.edu.szpt.ex04_contentprovidertest">

    <queries>

        <package android:name="cn.edu.szpt.ex04_contentprovider"/>

    </queries>
```

```
<!-- 以下省略 application 节的相关内容 -->
</manifest>
```

（2）访问系统的 ContentProvider。

用户除了可以通过 ContentProvider 将自己的数据开放给其他应用程序使用之外，还可以借助系统的 ContentProvider 访问系统的数据，如联系人信息、媒体库信息等。这部分内容将在"任务实施"中进行详细描述。

注意：在 Android 6.0 之前，用户安装 App 时，只是把 App 需要使用的权限列出来告知用户，App 安装后即可访问这些权限。从 Android 6.0 开始，一些敏感权限需要在使用时动态申请，并且用户可以选择拒绝授权，即使是已授予过的权限，用户也可以在 App 设置界面中关闭授权。对开发者而言，访问某些敏感的资源时，已经不能仅在主配置文件 AndroidManifest.xml 中声明相关权限，还需要在访问时动态申请，得到用户授权后才能进行相关操作。

3. 任务实施

第 4 章任务 4 操作

（1）考虑到程序中用户的数量是变化的，用户的头像也是变化的，而在目前的程序中，头像信息固定来源于 res/drawable 目录中指定的图片，而访问头像图片的方式是通过 R 文件索引，程序发布后难以修改，无法满足用户的需求。所以，需要对数据库和程序分别进行修改。首先，修改头像文件的保存位置，将用户头像保存到模拟器的外部存储空间中，这样可以方便用户增加和修改头像；其次，数据库中存储头像信息的字段将由整型改为字符串型，用于存储头像文件的路径信息。

（2）认识一下 Android 的外部存储空间。打开 Device File Explorer 窗口，展开图 4-14 所示的目录。外部存储空间就是 storage/emulated/0/这个目录，外部存储空间的下层目录又分为两类，一类是公有目录（系统创建的文件夹），另一类是私有目录（名为 Android 的文件夹）。

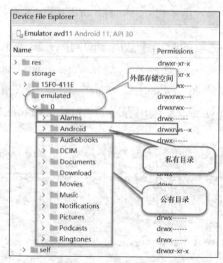

图 4-14　Android 外部存储

展开 Android 文件夹，下面有一个 data 文件夹，展开这个文件夹，其中有许多由包名组成的文件夹，如图 4-15 所示。官方建议将 App 的数据存储在外部存储空间的私有目录中该 App 的包名下，这样当用户卸载掉 App 之后，相关的数据会一并删除。这里将头像图片放在 storage/emulated/0/Android/data/cn.edu.szpt.qqdemov3/files/photos/目录下，如图 4-16 所示。这里的路径不用手动创建，只需要执行如下方法，就会自动创建。

```
getExternalFilesDir("photos")
```

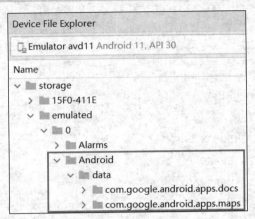

图 4-15　Android 外部存储空间中的私有目录结构

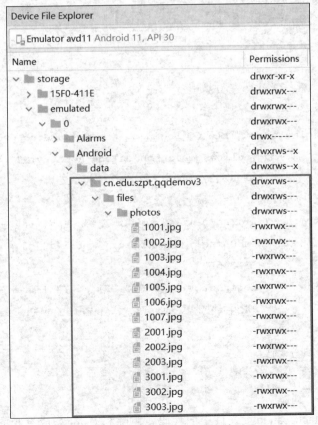

图 4-16　将头像图片放置在指定的目录下

（3）修改数据库的字段。首先参照本章任务 3 中的相关知识，找到 data/data/cn.edu.szqt.qqdemov3/databases 目录，删除 QQ_DB 和 QQ_DB-journal 文件。然后在 LoginActivity.java 文件中定义一个公有的静态变量 PHOTO_URL，并在 onCreate()方法中为其赋值，代码如下。

```
this.PHOTO_URL = getExternalFilesDir("photos").toString() ;
```

（4）打开 MyDbHelper.java 文件，修改 QQ_Login 表的定义及相应的数据初始化代码，相应代码如以下粗体部分所示。

```
public class MyDbHelper extends SQLiteOpenHelper {
    //省略部分代码
        @Override
    public void onCreate(SQLiteDatabase db) {
      String sql="CREATE TABLE [QQ_Login](" +
"  [qq_num] VARCHAR(20) PRIMARY KEY NOT NULL, " +
"  [qq_name] VARCHAR NOT NULL, " +
"  [qq_pwd] VARCHAR NOT NULL, " +
"  [qq_imgurl] VARCHAR, " +
"  [qq_online] VARCHAR, [qq_action] VARCHAR, " +
"  [belong_country] VARCHAR);";
     db.execSQL(sql);
    //省略部分代码
    }


    private void initData(SQLiteDatabase db){
    //省略部分代码
    String sql="insert into QQ_Login(qq_num,qq_name,qq_pwd,qq_imgurl,"
            +"qq_online,qq_action,belong_country) "
            +" values(?,?,?,?,?,?,?)";
      for(int i=0;i<countries.length;i++)
        for(int j=0;j<names[i].length;j++){
            db.execSQL(sql, new Object[]{nums[i][j], names[i][j],
                "123456",
                LoginActivity.PHOTO_URL + "/" + nums[i][j] + ".jpg",
                "4G在线","天天向上", countries[i]});
        }
    //省略部分代码
    }
}
```

（5）修改 ContactBean.java 文件中的代码，删除私有 int 型成员变量 img 及其 getter、

setter 方法，添加私有 String 型成员变量 imgurl 及其 getter、setter 方法，并相应修改 ContactBean 构造器方法。

（6）由于修改了 ContactBean.java 文件，所以会引起一些错误，此时，修改 LoginActivity.java 和 QQContactFragment.java 文件中引发错误的语句"cursor.getInt(cursor.getColumnIndex ("qq_img"));"为如下代码。

```
cursor.getString(cursor.getColumnIndex("qq_imgurl"));
```

（7）打开 QQContactFragment.java 文件，将 onCreateView()方法中引发错误的语句 logined_img.setImageResource(MainActivity.loginedUser.getImg())修改为如下代码。

```
Bitmap bitmap= BitmapFactory.decodeFile(
                    MainActivity.loginedUser.getImgurl());
logined_img.setImageBitmap(bitmap);
```

（8）修改 QQContactAdapter.java 文件中的 getChildView()方法里设置图片的代码。

```
Bitmap bitmap=BitmapFactory.decodeFile(contactBean.getImgurl());
holder.imgIcon.setImageBitmap(bitmap);
```

（9）实现显示本机联系人功能。打开 QQContactFragment.java 文件，添加成员方法 getPhoneContacts()。

```
private void getPhoneContacts() {
groupData.add("本机联系人");
List<QQContactBean> list = new ArrayList<QQContactBean>();
ContentResolver contentResolver = getContext().getContentResolver();
Cursor cursor = contentResolver.query(
                        ContactsContract.Contacts.CONTENT_URI,
                            null, null, null, null);
while (cursor.moveToNext()) {
    String name = cursor.getString(cursor.getColumnIndex(
            ContactsContract.Contacts.DISPLAY_NAME));
    // 取得联系人 ID
    String contactId = cursor.getString(cursor.getColumnIndex(
            ContactsContract.Contacts._ID));
    // 根据联系人 ID 查询对应的电话号码
    Cursor phoneNumbers = contentResolver.query(
            ContactsContract.CommonDataKinds.Phone.CONTENT_URI,
            null,ContactsContract.CommonDataKinds.Phone.CONTACT_ID
            + " = " + contactId, null, null);
    // 取得第一个电话号码（可能存在多个号码）
    String strPhoneNumber="";
    if (phoneNumbers.moveToNext()) {
```

```
                strPhoneNumber = phoneNumbers.getString(
                        phoneNumbers.getColumnIndex(
                    ContactsContract.CommonDataKinds.Phone.NUMBER));
            }
        phoneNumbers.close();
        //根据联系人 ID 查询对应的 E-mail
        Cursor emails = contentResolver.query(
                ContactsContract.CommonDataKinds.Email.CONTENT_URI,
                null,ContactsContract.CommonDataKinds.Email.CONTACT_ID
                + " = " + contactId, null, null);
        //取得第一个 E-mail（可能存在多个 E-mail）
        String strEmail=null;
        if(emails.moveToNext()) {
            strEmail = emails.getString(emails.getColumnIndex(
                    ContactsContract.CommonDataKinds.Email.DATA));
        }
        emails.close();
        //获得 contact_id 的 URI
        Uri uri = ContentUris.withAppendedId(
                ContactsContract.Contacts.CONTENT_URI,
                Long.parseLong(contactId));
        QQContactBean qqContactBean=new QQContactBean(strPhoneNumber,name,
                uri.toString(),"手机",strEmail,"本机联系人" );
            list.add(qqContactBean);
        }
        childData.put("本机联系人",list);
        cursor.close();
    }
```

（10）打开 QQContactFragment.java 文件，找到 initialData()方法，在 "childData.clear();" 语句下方添加 getPhoneContacts()方法的调用语句，代码如下。

```
    getPhoneContacts();
```

（11）打开 QQContactAdapter.java 文件，找到 getChildView()方法，修改显示头像的代码，如以下粗体部分所示。

```
public View getChildView(int groupPosition, int childPosition,
                boolean isLastChild, View convertView,
                ViewGroup parent) {
    //省略部分代码
```

```
QQContactBean contactBean=childdata.get(groupdata.get(groupPosition))
                                                .get(childPosition);

    Bitmap bitmap;
    if(groupdata.get(groupPosition).equals("本机联系人")){
        ContentResolver contentResolver = context.getContentResolver();
        InputStream input =
                    ContactsContract.Contacts.openContactPhotoInputStream(
                        contentResolver,Uri.parse(bean.getQq_imgurl()));
        bitmap = BitmapFactory.decodeStream(input);
    }else {
        bitmap = BitmapFactory.decodeFile(bean.getQq_imgurl());
    }
    holder.tvName.setText(contactBean.getName());
    holder.tvOnlineMode.setText("[" + contactBean.getOnlinemode() + "] " );
    holder.tvAction.setText(contactBean.getNewaction());
    return convertView;
}
```

（12）在主配置文件 AndroidManifest.xml 中对访问联系人进行授权。在 manifest 节中添加如下代码。

```
<uses-permission android:name="android.permission.READ_CONTACTS"/>
```

（13）因为本书的默认环境为 Android 11，所以对于访问联系人这样的敏感资源的操作，还需要在代码中进行动态授权。打开 LoginActivity 类文件，在 onCreate()方法的末尾添加如下代码。

```
if (ContextCompat.checkSelfPermission(this,
 Manifest.permission.READ_CONTACTS) != PackageManager.PERMISSION_GRANTED)
 {
        ActivityCompat.requestPermissions(this, new String[]{
                    Manifest.permission.READ_CONTACTS}, 1000);
    }
```

（14）重写 LoginActivity 类中的 onRequestPermissionsResult()方法，当用户没有授权时，系统会给出相应的提示信息并跳转到设置界面，代码如下。

```
@Override
public void onRequestPermissionsResult(int requestCode,
                        String[] permissions, int[] grantResults) {
switch (requestCode) {
  case 1000:
    if (grantResults.length == 0 ||
```

```
                     grantResults[0] != PackageManager.PERMISSION_GRANTED) {
          Toast.makeText(this, "请授予读取联系人信息权限",
                              Toast.LENGTH_SHORT).show();
          //引导用户到设置界面中进行设置
          Intent i = new Intent();
          i.setAction("android.settings.APPLICATION_DETAILS_SETTINGS");
          i.setData(Uri.fromParts("package", getPackageName(), null));
          startActivity(i);
          finish();
          }
     break;
}
}
```

（15）单击工具栏中的 ▶ 按钮，运行程序，运行效果如图 4-9 所示。

4.5 课后练习

（1）参照联系人管理功能的实现步骤，实现 QQ 消息界面中登录用户头像的切换，如图 4-17 所示。

图 4-17 登录用户头像的切换

（2）参照联系人管理功能的实现步骤，利用 SQLite 数据库实现消息的显示、置顶和删除功能，如图 4-18 所示。

图 4-18 消息的显示、置顶和删除功能

提示 1：

要想实现消息的管理，需要新建两张表，分别是 QQ_Conversation 表和 QQ_Conversation-Details 表。

QQ_Conversation 表用于记录用户之间的会话关系，表的结构如图 4-19 所示。其中，Id 为主键，是自动增量；ConversationId 为会话的编号，由会话双方的 qq_num 组合而成，如"1002-1003"，且一经生成便不再变化；one_qq_num 和 other_qq_num 表示会话的双方，针对每个会话生成两条记录，即使 one_qq_num 和 other_qq_num 的内容互换，ConversationId 也不变；isdeleted 表示该会话是否被删除，isTop 表示该会话是否置顶。

RecNo	Column Name	SQL Type	Size	Precision	PK	Default Value	Not Null
1	Id	INTEGER			✓		
2	ConversationId	VARCHAR					
3	one_qq_num	VARCHAR					
4	other_qq_num	VARCHAR					
5	isdeleted	BOOL				0	
6	isTop	BOOL				0	

图 4-19　QQ_Conversation 表的结构

QQ_ConversationDetails 表用于记录具体的会话内容，表的结构如图 4-20 所示。其中，detailsId 为主键，是自动增量；qq_num 为消息发送方的 QQ 号码，conversationId 表示该消息属于哪个会话，message 表示具体的消息内容，send_date 表示发送消息的时间，has_read 表示该消息是否被读过。

RecNo	Column Name	SQL Type	Size	Precision	PK	Default Value	Not Null
1	detailsId	INTEGER			✓		
2	qq_num	VARCHAR					
3	conversationId	VARCHAR					
4	message	VARCHAR					
5	send_date	VARCHAR					
6	has_read	BOOL				0	

图 4-20　QQ_ConversationDetails 表的结构

相应地，在 MyDbHelper 中修改 onCreate()方法，可参考以下粗体部分的代码。

```java
public void onCreate(SQLiteDatabase db) {
    //前面的代码不变，此处省略
    //创建 QQ_Conversation 表
    sql = "CREATE TABLE [QQ_Conversation]([Id] INTEGER PRIMARY KEY AUTOINCREMENT,"
    +"[ConversationId] VARCHAR, [one_qq_num] VARCHAR, [other_qq_num] VARCHAR, "
        +"[isdeleted] BOOL DEFAULT 0, [isTop] BOOL DEFAULT 0);";
    db.execSQL(sql);
    //创建 QQ_ConversationDetails 表
    sql = "CREATE TABLE [QQ_ConversationDetails]("
        +"[detailsId] INTEGER PRIMARY KEY AUTOINCREMENT, [qq_num] VARCHAR, "
        +"[conversationId] VARCHAR, [message] VARCHAR,[send_date] VARCHAR, "
        +"[has_read] BOOL DEFAULT 0);";
    db.execSQL(sql);
    //初始化表中的数据
```

```
initData(db);

}
```

相应地，在 MyDbHelper 中修改 initData()方法，模拟插入部分消息的数据，可参考以下粗体部分的代码。

```
private void initData(SQLiteDatabase db) {
    //前面的代码不变，此处省略
    ArrayList<String> conversationIds=new ArrayList<String>();
    sql = "insert into QQ_Conversation(one_qq_num,other_qq_num,conversationId) "
        + "values(?,?,?);";
    for (int k = 0; k < 2; k++)
        for (int i = 0; i < nums[k].length; i++)
            for (int j = 0; j < nums[k + 1].length; j++) {
db.execSQL(sql, new Object[]{nums[k][i], nums[k + 1][j],
                                    nums[k][i] + "-" + nums[k + 1][j]});
                db.execSQL(sql, new Object[]{nums[k + 1][j], nums[k][i],
                                    nums[k][i] + "-" + nums[k + 1][j]});
                conversationIds.add(nums[k][i] + "-" + nums[k + 1][j]);
            }
 db.execSQL(sql, new Object[]{"1002", "1001","1002-1001"});
 db.execSQL(sql, new Object[]{"1001", "1002", "1002-1001"});
   conversationIds.add("1002-1001");


   db.execSQL(sql, new Object[]{"1002", "1003","1002-1003"});
   db.execSQL(sql, new Object[]{"1003", "1002", "1002-1003"});
   conversationIds.add("1002-1003");


   String[] msgs=new String[]{"Hello","你好","在吗？","明天下午 2 点开会",
   "等会儿回复你","谢谢","不客气"};
   String[] msgdate=new String[]{"2018-02-05 9:15:00","2018-02-06 13:20:00",
                "2018-02-07 21:35:00","2018-02-03 10:05:00",
                "2018-02-07 9:30:00","2018-02-07 16:40:00",
                "2018-02-07 22:10:00"};
sql = "insert into QQ_ConversationDetails(conversationId,qq_num,message, "
        + "send_date)  values(?,?,?,?)";
        int endpos;
for(int i=0;i<conversationIds.size();i++){
String s=conversationIds.get(i);
```

```
String temp[]=s.split("-");
endpos=1+(int)(Math.random()*6);
for(int j=0;j<endpos;j++){
db.execSQL(sql, new Object[]{s,temp[0],msgs[j],msgdate[j]});
}
endpos=1+(int)(Math.random()*6);
for(int j=0;j<endpos;j++){
db.execSQL(sql, new Object[]{s,temp[1],msgs[j],msgdate[j]});
}
}
}
```

提示 2:

修改 QQMessageBean 类，增加 id、conversationId 和 qq_num 这 3 个成员变量，将头像信息由 private int qq_img 改为 private String qq_imgurl，并添加和修改 getter、setter 及构造器方法。

提示 3:

为获取指定登录用户的消息列表，需要对多表进行连接，使用 SQL 语句实现较为复杂，本项目中采用了左连接，具体 SQL 语句如下。获取数据后，通过 QQMessageAdapter 与 ListView 进行适配即可。

```
String sql = "select u.*,x.qq_name,v.message,v.send_date, " +
            " ifnull(w.noreadCount,0) noreadCount, "+
            " x.qq_imgurl,x.qq_online,x.qq_action " +
            " from QQ_conversation u " +
            " left join " +
            " (select message,conversationId,max(send_date) send_date"+
            " from QQ_ConversationDetails group by conversationId " +
            " ) v " +
            " on u.conversationId=v.conversationId " +
            " left join " +
            " (select count(detailsId) noreadCount,conversationid,"+
            " has_read from QQ_ConversationDetails " +
            " group by conversationId,qq_num " +
            " having has_read=0 and qq_num<>? " +
            " ) w" +
            " on u.conversationId=w.conversationId  " +
            " left join " +
            " (select * from QQ_Login) x " +
```

```
            " on u.other_qq_num=x.qq_num " +
            " where one_qq_num=? and isdeleted=0    " +
            " order by isTop desc ";
Cursor cursor = db.rawQuery(sql, new String[]{
                    MainActivity.loginedUser.getQq_num (),
                    MainActivity.loginedUser.getQq_num ()
                });
```

4.6　小讨论

　　移动互联网应用程序的蓬勃发展，给人们的生活带来了极大的便利，同时，也有小部分 App 存在侵害用户权益的问题。2019 年，工业和信息化部开展了"App 侵害用户权益专项整治行动"。工业和信息化部总结的 App 侵害用户权益 8 类典型场景包括：私自收集个人信息、超范围收集个人信息、私自共享给第三方、强制用户使用定向推送功能、不给权限不让用、频繁申请权限、过度索取权限、账号注销难。《中华人民共和国个人信息保护法》和《移动互联网应用程序个人信息保护管理暂行规定》为保护用户合法权益提供了依据。

　　请结合自己的日常使用经验，想一想在日常使用 App 的过程中是否遇到过上述问题，该如何识别存在上述侵害用户权益问题的 App，以及从事移动互联网应用程序开发时应注意哪些要求。

第❺章 服务与广播综合开发

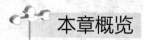

本章概览

本章将围绕简单音乐播放器，综合应用 MediaPlayer、ContentProvider、服务、广播及线程调度等相关内容，实现以下功能。

（1）歌曲文件的搜索：使用 MediaStore 类搜索手机 SD 卡中的所有音频文件。

（2）歌曲的播放控制：点击播放界面中的"播放"或"暂停"按钮可启用播放或暂停功能。点击"上一首"或"下一首"按钮，可在歌曲列表中进行上一首或下一首歌曲的切换；拖曳进度条上的滑块可改变当前歌曲的播放进度。

（3）歌曲信息的显示：当进入播放界面时，程序会自动显示当前歌曲的名称、专辑封面（如果有），以及歌曲的长度和当前播放位置。

（4）歌词的同步显示：当歌曲文件所在的目录中存在同名的歌词文件（扩展名为.lrc）时，程序会自动解析歌词文件，并随着歌曲的播放同步显示歌词。

（5）歌曲列表：进入歌曲列表界面时，程序以列表的形式显示所有的歌曲，点击相应的歌曲可进行播放。

（6）后台播放功能：关闭程序时，不影响歌曲的播放；重新打开程序后，会自动回到正在播放歌曲的界面。

知识图谱

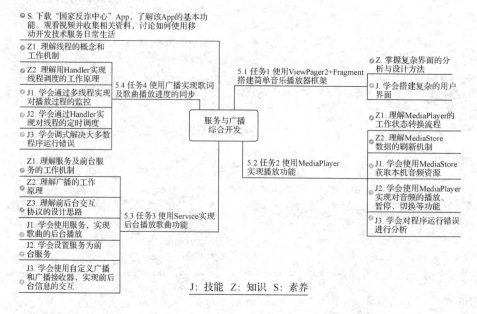

J: 技能　Z: 知识　S: 素养

5.1 任务 1 使用 ViewPager2+Fragment 搭建简单音乐播放器框架

1. 任务简介

在本任务中，将综合应用 Fragment、ViewPager2 搭建一个简单音乐播放器的基本框架，实现播放界面和歌曲列表界面，框架效果如图 5-1 所示。

图 5-1 框架效果图

2. 相关知识

（1）Fragment 概述。

请参考 3.4 节相关知识中有关 Fragment 的介绍。

（2）ViewPager2 概述。

请参考 3.4 节相关知识中有关 ViewPager2 的介绍。

第 5 章任务 1 操作

3. 任务实施

（1）新建 Android Studio 项目，并将其命名为 MySimpleMp3Player。

（2）将项目要用到的图片素材文件复制到 res/drawable 目录中，本任务要用到的图片素材及其说明如表 5-1 所示。

表 5-1 要用到的图片素材及其说明

序号	文件名	说明
1	listbg.png	播放器背景图片
2	play.png	"播放" 按钮
3	play1.png	"播放" 按钮被按下时显示的图片

序号	文件名	说明
4	pause.png	"暂停"按钮
5	pause1.png	"暂停"按钮被按下时显示的图片
6	next.png	"下一首"按钮
7	next1.png	"下一首"按钮被按下时显示的图片
8	prev.png	"上一首"按钮
9	prev1.png	"上一首"按钮被按下时显示的图片
10	item.png	歌曲列表中列表项的图标
11	nopic.png	没有专辑封面时显示的图片
12	music.png	应用图标
13	splashbg.jpg	欢迎界面背景图片

（3）使用 Selector 自定义 Drawable 资源，给"播放""暂停""上一首""下一首"按钮添加动态效果。

① 给"播放"按钮添加效果，在 res/drawable 目录中添加 play_selector.xml 文件，代码如下。

```xml
<?xml version="1.0" encoding="utf-8"?>
    <selector xmlns:android="http://schemas.android.com/apk/res/android" >
        <item android:state_pressed="true"  android:drawable="@drawable/play1"/>
        <item android:drawable="@drawable/play" />
    </selector>
```

② 给"暂停"按钮添加效果，在 res/drawable 目录中添加 pause_selector.xml 文件，代码如下。

```xml
<?xml version="1.0" encoding="UTF-8"?>
    <selector xmlns:android="http://schemas.android.com/apk/res/android">
        <item android:state_pressed="true"android:drawable="@drawable/pause1"/>
        <item android:drawable="@drawable/pause" />
    </selector>
```

③ 给"上一首"按钮添加效果，在 res/drawable 目录中添加 prev_selector.xml 文件，代码如下。

```xml
<?xml version="1.0" encoding="UTF-8"?>
    <selector xmlns:android="http://schemas.android.com/apk/res/android">
        <item android:state_pressed="true"android:drawable="@drawable/prev1"/>
        <item android:drawable="@drawable/prev" />
</selector>
```

④ 给"下一首"按钮添加效果，在 res/drawable 目录中添加 next_selector.xml 文件，代码如下。

```xml
<?xml version="1.0" encoding="UTF-8"?>
    <selector xmlns:android="http://schemas.android.com/apk/res/android">
        <item android:state_pressed="true"android:drawable="@drawable/next1"/>
        <item android:drawable="@drawable/next" />
</selector>
```

（4）打开 res/values 目录中的 strings.xml 文件，修改其中的内容。

```xml
<string name="app_name">简单音乐播放器</string>
```

（5）打开 res/values 目录中的 themes.xml 文件，添加如下代码。

```xml
<style name="MusicTextView">
    <item name="android:textColor">#FFFFFF</item>
</style>
<style name="MusicTitle">
    <item name="android:textColor">#FFFFFF</item>
    <item name="android:textSize">18sp</item>
    <item name="android:textStyle">bold</item>
</style>
```

（6）修改项目的图标为 music.png。将 music.png 文件复制到 res/mipmap 目录中，打开 AndroidManifest.xml 文件，修改 application 节中的 icon 的相关属性，代码如下。

```xml
android:icon="@mipmap/music"
android:roundIcon="@mipmap/music"
```

（7）实现简单音乐播放器的界面框架。该项目包括两个 Fragment，通过 ViewPager2 将这两个 Fragment 放置到一个 Activity 中，并实现左右侧滑功能。打开 res/layout 目录中的 activity_main.xml 文件，将其放入 ViewPager2。

（8）在 res/layout 目录中新建 fragment_music.xml 文件，用于搭建播放界面，播放界面及结构如图 5-2 所示。

（9）在 cn.edu.szpt.mysimplemp3player 包中新建类 MusicPlayFragment，该类继承自 Fragment 类，代码如下。

```java
public class MusicPlayFragment extends Fragment {

    @Override
    public View onCreateView(LayoutInflater inflater, ViewGroup container,
                                        Bundle savedInstanceState) {
        View view=inflater.inflate(R.layout.fragment_music,container,false);
        return view;
    }

}
```

（10）在 res/layout 目录中新建 fragment_musiclist.xml 文件，该界面中只有一个
RecyclerView 控件，将其命名为 musiclist。

图 5-2　播放界面及结构

（11）在 cn.edu.szpt.mysimplemp3player 包中新建类 MusicListFragment，该类继承自
Fragment 类，代码如下。

```java
public class MusicListFragment extends Fragment {

  @Override
  public View onCreateView(LayoutInflater inflater,ViewGroup container,
                                       Bundle savedInstanceState) {
    View view=inflater.inflate(R.layout.fragment_musiclist,
                                       container,false);

      return view;
  }
}
```

（12）为了将前面两个 Fragment 放入 MainActivity 的 ViewPager2 中。新建 cn.edu.szpt.
mysimplemp3player.adapters 包，创建适配器类 MyViewPagerAdapter，该类继承自 Fragment-
StateAdapter 类，并重写相应方法，具体代码如下。

```java
public class MyViewPagerAdapter extends FragmentStateAdapter {
    private List<Fragment> fragmentList;

    public MyViewPagerAdapter(FragmentManager fragmentManager,
                   Lifecycle lifecycle, List<Fragment> fragmentList) {
```

```java
        super(fragmentManager, lifecycle);
        this.fragmentList = fragmentList;
    }

    @Override
    public Fragment createFragment(int position) {
        return fragmentList.get(position);
    }

    @Override
    public int getItemCount() {
        return fragmentList.size();
    }
}
```

（13）在布局文件 activity_main.xml 中添加 ViewPager2 控件，将其命名为 pager，使其占满整个屏幕空间。然后修改 MainActivity.java 文件中的代码，为 ViewPager2 设置适配器对象，代码如下。

```java
public class MainActivity extends AppCompatActivity {
    private ViewPager2 pager;
    private MyViewPagerAdapter adapter;
    private List<Fragment> fragmentList;

    @Override
    protected void onCreate(Bundle savedInstanceState) {
        super.onCreate(savedInstanceState);
        setContentView(R.layout.activity_main);
        pager= findViewById(R.id.pager);
        fragmentList = new ArrayList<>();
        fragmentList.add(new MusicPlayFragment());
        fragmentList.add(new MusicListFragment());
        adapter = new MyViewPagerAdapter(getSupportFragmentManager(),
                               getLifecycle(),fragmentList);
        pager.setAdapter(adapter);
    }
}
```

（14）单击工具栏中的 ▶ 按钮，运行程序，运行效果如图 5-1 所示，允许用户左右侧滑界面。

5.2 任务 2 使用 MediaPlayer 实现播放功能

1. 任务简介

在本任务中，将综合应用 ContentProvider 和 MediaPlayer，实现歌曲列表显示、歌曲播放及暂停等基本功能，效果如图 5-3 所示。

2. 相关知识

（1）MediaPlayer 概述。

MediaPlayer 类可用于控制音频文件、视频文件或流的播放。MediaPlayer 的常用方法及其说明如表 5-2 所示。

图 5-3 基本功能的效果

表 5-2 MediaPlayer 类的常用方法及其说明

序号	常用方法	说明
1	static MediaPlayer create(Context context, Uri uri, SurfaceHolder holder)	从指定资源 ID 对应的资源文件中装载音乐文件，同时指定了 SurfaceHolder 对象并返回 MediaPlayer 对象
2	static MediaPlayer create(Context context, int resid)	从指定资源 ID 对应的资源文件中装载音乐文件，并返回新建的 MediaPlayer 对象
3	static MediaPlayer create(Context context,Uri uri)	从指定 URI 中装载音频文件，并返回新建的 MediaPlayer 对象

续表

序号	常用方法	说明
4	int getCurrentPosition()	获取当前播放的位置
5	int getDuration()	获取音频的时长
6	int getVideoHeight()	获取视频的高度
7	int getVideoWidth()	获取视频的宽度
8	boolean isLooping()	判断 MediaPlayer 是否正在循环播放
9	boolean isPlaying()	判断 MediaPlayer 是否正在播放
10	void pause()	暂停播放
11	void prepare()	准备播放（装载音频），调用此方法会使 MediaPlayer 进入 Prepared 状态
12	void prepareAsync()	准备播放异步音频
13	void release()	释放媒体资源
14	void reset()	重置 MediaPlayer，进入未初始化状态
15	void seekTo(int msec)	寻找指定的时间位置
16	void setAudioStreamType(int streamtype)	设置音频流的类型
17	void setDataSource(String path)	装载指定 path 的媒体文件
18	void setDataSource(Context context, Uri uri)	装载指定 URI 的媒体文件
19	void setDataSource(FileDescriptor fd, long offset, long length)	找到指定 fd 所指向的媒体文件，装载其中从 offset 开始的、长度为 length 的内容
20	void setDataSource(FileDescriptor fd)	装载指定 fd 所指向的媒体文件
21	void setLooping(boolean looping)	设置是否循环播放
22	void setOnCompletionListener(MediaPlayer. OnCompletionListenerlistener)	为 MediaPlayer 的播放完成事件绑定事件监听器
23	void setOnSeekCompleteListener(MediaPlayer. OnSeekCompleteListenerlistener)	当 MediaPlayer 调用 seek() 方法时触发该监听器
24	void setVolume(float leftVolume, float rightVolume)	设置播放器的音量
25	void start()	开始或恢复播放
26	void stop()	停止播放

　　MediaPlayer 的状态转换过程及主要方法的调用时序如图 5-4 所示。注意，每种方法只能在一些特定的状态下使用，如果使用时 MediaPlayer 的状态不正确，则会触发 IllegalStateException 异常。

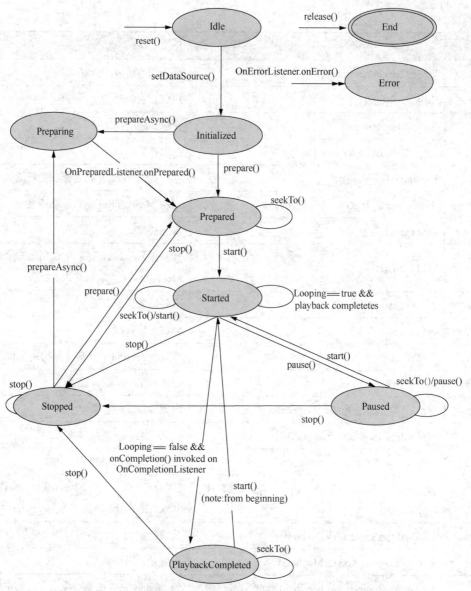

图 5-4　MediaPlayer 的状态转换过程及主要方法的调用时序

① Idle 状态：当使用 new()方法创建一个 MediaPlayer 对象或者调用了其 reset()方法时，该 MediaPlayer 对象处于 Idle 状态。

② End 状态：通过 release()方法可以进入 End 状态，只要 MediaPlayer 对象不再被使用，就应当尽快将其通过 release()方法释放，以释放相关的软硬件资源。

③ Initialized 状态：MediaPlayer 调用 setDataSource()方法后即进入 Initialized 状态，表示此时要播放的文件已经设置好。

④ Prepared 状态：初始化完成之后还需要调用 prepare()或 prepareAsync()方法，其中，prepare()方法是同步的，prepareAsync()方法是异步的。只有进入 Prepared 状态，才能表明 MediaPlayer 准备就绪，可以进行文件播放。

⑤ Preparing 状态：此状态主要和 prepareAsync()方法配合使用，如果异步准备完成，则会触发 OnPreparedListener.onPrepared()，从而进入 Prepared 状态。

⑥ Started 状态：MediaPlayer 一旦准备好，即可调用 start()方法，这样 MediaPlayer 就处于 Started 状态，这表明 MediaPlayer 正在播放文件。可以使用 isPlaying()方法测试 MediaPlayer 是否处于 Started 状态。如果播放完毕，但设置了循环播放，则 MediaPlayer 仍然会处于 Started 状态。类似地，如果在该状态下 MediaPlayer 调用了 seekTo()或者 start()方法，则也可以使 MediaPlayer 停留在 Started 状态。

⑦ Paused 状态：在 Started 状态下，MediaPlayer 调用 pause()方法可以暂停播放，从而进入 Paused 状态，MediaPlayer 暂停后再次调用 start()方法即可继续播放，转到 Started 状态，Paused 状态下可以调用 seekTo()方法。

⑧ Stopped 状态：Started 或者 Paused 状态下均可调用 stop()方法来停止 MediaPlayer，而处于 Stopped 状态的 MediaPlayer 要想重新播放，就需要通过 prepareAsync()方法或 prepare()方法回到 Prepared 状态。

⑨ Error 状态：在一般情况下，由于种种原因，一些播放控制操作可能会失败，例如不支持的音频/视频格式、缺少隔行扫描的音频/视频、分辨率太高、流超时等，触发 OnErrorListener.onError()事件，此时，MediaPlayer 会进入 Error 状态，及时捕捉并妥善处理这些错误是很重要的，可以帮助用户及时释放相关的软硬件资源，也可以改善用户体验。开发者可以通过 setOnErrorListener()方法设置监听器来监听 MediaPlayer 是否进入了 Error 状态。如果 MediaPlayer 进入了 Error 状态，则可以通过调用 reset()方法让 MediaPlayer 重新回到 Idle 状态。

（2）使用 MediaStore 获取手机中的音频文件。

MediaStore 是 Android 系统提供的一个多媒体数据库，Android 中的多媒体信息都可以从这里提取，提取到的内容包含多媒体数据库的所有信息，如音频、视频和图像。为了方便用户使用，Android 把所有的多媒体数据接口都通过 ContentProvider 进行了封装，这样用户可以直接通过调用 ContentResolver 对数据库进行操作。其中，对于外部存储空间，其 URI 为 "MediaStore.Audio.Albums.EXTERNAL_CONTENT_URI"；对于内部存储空间，其 URI 为 "MediaStore.Audio.Albums.INTERNAL_CONTENT_URI"。

但是 MediaStore 内容的更新比较耗时，因此，系统并不会实时更新，也就是说，开发者将媒体文件复制到模拟器中，但在 MediaStore 中并不会马上找到它。针对这种情况，开发者通常会在启动应用程序时，对指定路径进行扫描，以更新 MediaStore 中的内容。

3. 任务实施

（1）在 res/layout 目录中新增 item_music.xml 文件，用于指定 MusicList Fragment 中列表 RecyclerView 的每一行显示内容的布局，参照运行效果如图 5-3 所示，拖曳相应控件到界面中，并设置相关属性。行布局所用的控件及结构如图 5-5 所示。注意在根布局属性中添加 android:clickable="true"。

第 5 章任务 2 操作-1

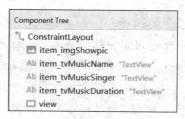

图 5-5　行布局所用控件及结构

（2）新建包 cn.edu.szpt.mysimplemp3player.beans，在该包中新建实体类，并将其命名为 MusicBean。

```
public class MusicBean {
    //歌曲名称
    private String musicName;
    //演唱者
    private String singer;
    //歌曲长度，单位为ms
    private int musicDuration;
    //MP3 文件路径
    private String musicUrl;
    //歌词文件路径
    private String lrcUrl;


    //省略生成的构造器方法、getter 和 setter 方法的代码
    }
```

（3）新建包 cn.edu.szpt.mysimplemp3player.utils，在该包中新建工具类，并将其命名为 Util。

```
public class Util {
    public static String toTime(int time) {
        time /= 1000;
        int minute = time / 60;
        int hour = minute / 60;
        int second = time % 60;
        minute %= 60;
        if (hour > 0)
            return String.format("%02d:%02d:%02d", hour, minute, second);
        else
            return String.format("%02d:%02d", minute, second);
    }
}
```

（4）在 cn.edu.szpt.mysimplemp3player.adapters 包中新建类 MusicListAdapter，该类继承自 RecyclerView.Adapter<MusicListAdapter.ViewHolder>类，实现相关方法。

```java
public class MusicListAdapter extends
                      RecyclerView.Adapter<MusicListAdapter.ViewHolder> {
    private Context context;
    private List<MusicBean> data;
    //记录选中项的 position
    private int selectedItemPos=-1;

    public void setSelectedItemPos(int selectedItemPos) {
        this.selectedItemPos = selectedItemPos;
        notifyDataSetChanged();
    }

    public MusicListAdapter(Context context, List<MusicBean> data) {
        this.context = context;
        this.data = data;
    }

    @Override
    public ViewHolder onCreateViewHolder(ViewGroup parent, int viewType) {
        LayoutInflater inflater = LayoutInflater.from(context);
        View view = inflater.inflate(R.layout.item_music,parent,false);
        ViewHolder holder = new ViewHolder(view);
        return holder;
    }

    @Override
    public void onBindViewHolder(MusicListAdapter.ViewHolder holder,
                                                    int position) {
        MusicBean bean = data.get(position);
        holder.item_imgShowPic.setImageResource(R.drawable.item);
        holder.item_tvMusicName.setText(bean.getMusicName());
        holder.item_tvMusicSinger.setText(bean.getSinger());
        holder.item_tvMusicDuration.setText(
                        Util.toTime(bean.getMusicDuration()));
        //响应用户点击事件
```

```
        holder.itemView.setOnClickListener(new View.OnClickListener() {
            @Override
            public void onClick(View v) {
                selectedItemPos=position;
                notifyDataSetChanged();
            }
        });
        //选中项显示不同颜色的背景
        if(position==selectedItemPos){
        holder.itemView.setBackgroundColor(
                                    Color.parseColor("#44FF0000"));
        }else{
            holder.itemView.setBackgroundColor(
                                    Color.parseColor("#00FF0000"));
        }
    }

    @Override
    public int getItemCount() {
        return data.size();
    }

    public class ViewHolder extends RecyclerView.ViewHolder {
        private ImageView item_imgShowPic;
        private TextView item_tvMusicName;
        private TextView item_tvMusicSinger;
        private TextView item_tvMusicDuration;
        public ViewHolder(@NonNull @NotNull View itemView) {
            super(itemView);
            item_imgShowPic = itemView.findViewById(R.id.item_imgShowpic);
            item_tvMusicName = itemView.findViewById(
                                        R.id.item_tvMusicName);
            item_tvMusicSinger = itemView.findViewById(
                                        R.id.item_tvMusicSinger);
            item_tvMusicDuration = itemView.findViewById(
                                        R.id.item_tvMusicDuration);
        }
```

```
        }
    }
```

（5）考虑到在 MusicListFragment 和 MusicPlayFragment 中均需要访问歌曲列表集合、当前播放歌曲的位置等信息，这里将歌曲列表集合等定义为静态变量，统一存储在 MainActivity 中，修改 MainActivity 的代码，如下所示。

```
public class MainActivity extends AppCompatActivity {
    private ViewPager2 pager;
    private MyViewPagerAdapter adapter;
    private List<Fragment> fragmentList;

    public static List<MusicBean> musicsData;
    public static MusicListAdapter musicListAdapter;
    public static int currentIndex = -1;


    @Override
    protected void onCreate(Bundle savedInstanceState) {
        super.onCreate(savedInstanceState);
        setContentView(R.layout.activity_main);
        pager = findViewById(R.id.pager);
        fragmentList = new ArrayList<>();
        fragmentList.add(new MusicPlayFragment());
        fragmentList.add(new MusicListFragment());

        musicsData = new ArrayList<MusicBean>();
        setData();
        if (musicsData.size() > 0) currentIndex = 0;
        musicListAdapter = new MusicListAdapter(this, musicsData);

        adapter = new MyViewPagerAdapter(getSupportFragmentManager(),
                               getLifecycle(), fragmentList);
        pager.setAdapter(adapter);
    }

    private void setData() {
        musicsData.clear();
        //通过 ContentProvider 查询存储卡中的音乐文件
```

```
        Cursor c = this.getContentResolver().query(
                MediaStore.Audio.Media.EXTERNAL_CONTENT_URI,
                null, null, null, null);
        while (c.moveToNext()) {
            String musicname = c.getString(c.getColumnIndex(
                    MediaStore.Audio.Media.TITLE));
            String singer = c.getString(c.getColumnIndex(
                    MediaStore.Audio.Media.ARTIST));
            int duration = c.getInt(c.getColumnIndex(
                    MediaStore.Audio.Media.DURATION));
            String musicurl = c.getString(c.getColumnIndex(
                    MediaStore.Audio.Media.DATA));
            String lrcurl = "";
            MusicBean bean = new MusicBean(musicname, singer, duration,
                                                    musicurl, lrcurl);
            musicsData.add(bean);
        }
        c.close();
    }
}
```

（6）实现显示本地歌曲列表。切换到 MusicListFragment，定义成员变量 musiclist，并修改其 onCreateView()方法，为 musiclist 设置适配器。

```
private RecyclerView musiclist;
public View onCreateView(LayoutInflater inflater, ViewGroup container,
                                    Bundle savedInstanceState) {
    View view = inflater.inflate(
                        R.layout.fragment_musiclist,container,false);
    musiclist = view.findViewById(R.id.musiclist);
    musiclist.setLayoutManager(new LinearLayoutManager(getContext()));
    musiclist.setAdapter(MainActivity.musicListAdapter);
    return view;
}
```

（7）因为要读取外部存储空间中的多媒体数据，所以需要拥有"READ_EXTERNAL_STORAGE"用户权限，在 AndroidManifest.xml 文件中声明，代码如下。

```
<uses-permission android:name="android.permission.READ_EXTERNAL_STORAGE"/>
```

在高版本 Android 中，该权限需要动态授权，在 MainActivity 的 onCreate()方法中添加如下动态授权的代码。

```
if(ContextCompat.checkSelfPermission(this,
        Manifest.permission.READ_EXTERNAL_STORAGE)!=
                            PackageManager.PERMISSION_GRANTED){
    ActivityCompat.requestPermissions(this, new String[]{
        Manifest.permission.READ_EXTERNAL_STORAGE},1000);
}
```

（8）将从网上下载的两个 MP3 文件和对应的 LRC 文件复制到模拟器外部存储空间的公共目录 Music 下，如图 5-6 所示。

Device File Explorer		⚙
🖵 Emulator avd11 Android 11, API 30		▼
Name	Date	Size
∨ 📁 storage	2021-08-03 03:21	100 B
> 📁 15F0-411E	1970-01-01 00:00	2 KB
∨ 📁 emulated	2021-07-30 14:13	4 KB
∨ 📁 0	2021-07-30 14:13	4 KB
> 📁 Alarms	2021-07-30 14:13	4 KB
> 📁 Android	2021-07-30 14:13	4 KB
> 📁 Audiobooks	2021-07-30 14:13	4 KB
> 📁 DCIM	2021-07-31 03:27	4 KB
> 📁 Documents	2021-07-30 14:13	4 KB
> 📁 Download	2021-07-31 03:27	4 KB
> 📁 Movies	2021-07-30 14:13	4 KB
∨ 📁 Music	2021-08-03 04:50	4 KB
📄 Music01.lrc	2018-02-12 08:35	1.4 KB
📄 Music01.mp3	2018-02-12 08:32	7 MB
📄 Music02.lrc	2018-02-12 08:43	1.6 KB
📄 Music02.mp3	2018-02-12 08:32	9.5 MB

图 5-6　将 MP3 文件和 LRC 文件复制到 Music 目录下

（9）此时运行程序，通常在列表中找不到这两首歌曲，需要让程序扫描对应目录，然后更新 MediaStore 数据。由于这个过程需要一定的时间，为了给用户较好的体验，需要给应用程序添加一个启动界面，在这里完成权限授予和 MediaStore 更新。首先新建一个 EmptyActivity，将其命名为 WelcomeActivity，在其中实现权限授予和扫描 Music 目录的工作，代码如下。

第 5 章任务 2 操作-2

```
public class WelcomeActivity extends AppCompatActivity {
    @Override
    protected void onCreate(Bundle savedInstanceState) {
        super.onCreate(savedInstanceState);
        //注释掉该语句，避免启动时白屏或黑屏
        //setContentView(R.layout.activity_welcome);
        checkPermission();
```

```
    }

    private void checkPermission(){
        if(ContextCompat.checkSelfPermission(this,
                Manifest.permission.READ_EXTERNAL_STORAGE)!=
                                    PackageManager.PERMISSION_GRANTED){
            ActivityCompat.requestPermissions(this, new String[]{
                    Manifest.permission.READ_EXTERNAL_STORAGE},1000);
        }else{
            scanAudioRes();
        }
    }

    private void scanAudioRes() {
        MediaScannerConnection.scanFile(this,
                new String[]{Environment.getExternalStoragePublicDirectory(
                        Environment.DIRECTORY_Music).getPath() + "/"},
                null, new MediaScannerConnection.OnScanCompletedListener() {
                    @Override
                    public void onScanCompleted(String path, Uri uri) {
                        Intent i = new Intent(WelcomeActivity.this,
                                            MainActivity.class);
                        startActivity(i);
                        finish();
                    }
                });
    }

    @Override
    public void onRequestPermissionsResult(int requestCode,
                        String[] permissions, int[] grantResults) {
        switch (requestCode) {
            case 1000:
                if (grantResults.length == 0 ||
                        grantResults[0] != PackageManager.PERMISSION_GRANTED) {
                    Toast.makeText(this, "请授予读取外部存储空间的权限",
                            Toast.LENGTH_SHORT).show();
```

```
                            //引导用户到设置界面中进行设置
                            Intent i = new Intent();
                            i.setAction(
                                "android.settings.APPLICATION_DETAILS_SETTINGS");
                            i.setData(Uri.fromParts("package",
                                                    getPackageName(), null));
                            startActivity(i);
                            finish();
                        }else {
                            scanAudioRes();
                        }
                        break;
                }
            }
```

　　程序基本逻辑如下：首先显示欢迎界面，启动读取外部存储空间的用户授权验证，如果未授权，弹出用户授权界面，用户拒绝授权则结束程序，跳转至 App 设置界面；若用户同意或已授权，则启动对 Music 目录的扫描，更新 MediaStore，扫描完成后跳转至播放器主界面。注意这里要将"setContentView(R.layout.activity_welcome); "语句注释掉，否则启动时会出现短暂白屏或黑屏。

　　（10）在 res/values/themes.xml 文件中添加样式，代码如下。

```
<style name="SplshTheme"
        parent="Theme.MaterialComponents.DayNight.NoActionBar.Bridge">
    <item name="android:windowBackground">@drawable/splashbg</item>
    <item name="android:windowFullscreen">true</item>
</style>
```

　　（11）设置 WelcomeActivity 的 theme 属性，并将其指定为启动 Activity，代码如下。

```
<activity android:name=".WelcomeActivity" android:theme="@style/SplshTheme">
        <intent-filter>
            <action android:name="android.intent.action.MAIN" />
            <category android:name="android.intent.category.LAUNCHER" />
        </intent-filter>
</activity>
```

　　（12）以上完成了歌曲列表的显示功能，下面将实现基本的播放功能。切换到 MusicPlayFragment 中，首先声明该类实现 OnClickListener 接口，并重写 onClick()方法，然后为界面中的控件定义成员变量，并在 onCreateView()方法中使用 findViewById()方法进行初始化，代码如下。

第 5 章任务 2 操作-3

```
public class MusicPlayFragment extends Fragment
```

```java
                                              implements View.OnClickListener {
    // "播放" 按钮
    private ImageView btnPlay;
    // "上一首" 按钮
    private ImageView btnPrev;
    // "下一首" 按钮
    private ImageView btnNext;
    //显示歌曲名称
    private TextView tvMusicName;
    //显示歌曲时长
    private TextView tvDuration;
    //显示歌词
    private TextView tvLrc;
    //显示歌曲的当前播放时间
    private TextView tvPlayTime;
    //显示进度条
    private SeekBar sbMusic;
    //显示专辑封面
    private ImageView imgShowPic;

    @Override
    public void onClick(View v) {

    }

    @Override
    public View onCreateView(LayoutInflater inflater, ViewGroup container,
                                            Bundle savedInstanceState) {
        View view = inflater.inflate(
                            R.layout.fragment_music,container,false);
        tvMusicName = view.findViewById(R.id.tvMusicName);
        tvPlayTime = view.findViewById(R.id.tvPlayTime);
        tvDuration = view.findViewById(R.id.tvDuration);
        tvLrc = view.findViewById(R.id.tvLrc);
        sbMusic= view.findViewById(R.id.sbMusic);
        imgShowPic= view.findViewById(R.id.imgShowPic);
        btnNext= view.findViewById(R.id.btnNext);
```

```
    btnPrev= view.findViewById(R.id.btnPrev);
    btnPlay= view.findViewById(R.id.btnPlay);
    return view;
}
```

（13）切换到 MusicPlayFragment 中，添加成员方法 getAlbumArt(int album_id)，用于获取专辑的封面图片。

```
private Bitmap getAlbumArt(String dataPath){
    Bitmap bmp = null;
    MediaMetadataRetriever mmr = new MediaMetadataRetriever();
    mmr.setDataSource(dataPath);
    byte[] data = mmr.getEmbeddedPicture();
    if (data != null) {
        //获取bitmap对象
        bmp = BitmapFactory.decodeByteArray(data, 0, data.length);
    }
    mmr.release();
    return bmp;
}
```

（14）切换到 MusicPlayFragment 中，添加成员方法 initView(int music_index)，初始化选中歌曲的播放界面。

```
private void initView(int music_index) {
    if(music_index>-1){
        MusicBean bean= MainActivity.musicsData.get(music_index);
        tvMusicName.setText(bean.getMusicName());
        tvPlayTime.setText("0:0");
        tvDuration.setText(Util.toTime(bean.getMusicDuration()));
        tvLrc.setText("");
        //设置进度条的最大长度
        sbMusic.setIndeterminate(false);
        sbMusic.setMax(bean.getMusicDuration());
        //获取专辑封面图片
        Bitmap bmp = getAlbumArt(bean.getMusicUrl());
        //如果能够找到专辑封面图片则显示，否则显示默认图片
        if (bmp != null) {
            imgShowPic.setImageBitmap(bmp);
        } else {
            imgShowPic.setImageResource(R.drawable.nopic);
```

```
        }
    }
}
```

（15）在 onCreateView()方法的 return 语句前，添加对 initView()的调用，代码如下。此时，可以正常获取当前歌曲的信息，效果如图 5-3 中图所示。

```
initView(MainActivity.currentIndex);
```

（16）实现播放器的播放功能。在 cn.edu.szpt.mysimplemp3player.utils 包中新建类 SMPConstants，用于定义播放器的状态。

```java
public class SMPConstants {
    //MediaPlayer 的状态信息
    public static final int STATUS_STOP = 0;
    public static final int STATUS_PLAY = 1;
    public static final int STATUS_PAUSE = 2;
    public static final int STATUS_CALLIN_PAUSE = 3;  //来电暂停
}
```

（17）切换到 MusicPlayFragment 中，新增两个成员变量。

```java
//保存 MediaPlayer 对象，用于播放歌曲
private MediaPlayer mp;
//用于记录播放器的状态
private int MpStatus;
```

（18）在 MusicPlayFragment 的 onCreateView()方法中，return 语句前添加如下代码。

```java
btnPlay.setOnClickListener(this);
btnNext.setOnClickListener(this);
btnPrev.setOnClickListener(this);
//将当前播放器状态设置为 Stop 状态
MpStatus=SMPConstants.STATUS_STOP;
//实例化 MediaPlayer 对象
mp = new MediaPlayer();
```

（19）在 MusicPlayFragment 中添加成员方法，用于实现控制歌曲的播放、暂停、继续播放及播放下一首、上一首等功能。

```java
    //暂停播放
    private void pauseMusic() {
        mp.pause();
        MpStatus = SMPConstants.STATUS_PAUSE;
        //修改按钮的图片
        btnPlay.setImageResource(R.drawable.play_selector);
    }
```

```java
//继续播放
private void continueMusic() {
    mp.start();
    MpStatus = SMPConstants.STATUS_PLAY;
    //修改按钮的图片
    btnPlay.setImageResource(R.drawable.pause_selector);
}


//播放
private void playMusic() {
    String musicPath = MainActivity.musicsData.get(
                        MainActivity.currentIndex).getMusicUrl();
    try {
        mp.reset();
        mp.setDataSource(musicPath);
        mp.prepare();
        mp.start();
        MpStatus = SMPConstants.STATUS_PLAY;
        //修改按钮的图片
        btnPlay.setImageResource(R.drawable.pause_selector);
        tvLrc.setText("");
    } catch (IOException e) {
        e.printStackTrace();
    }
}


//播放上一首歌曲，如果已经是第一首，则播放最后一首歌曲
private void prevMusic() {
    if(MainActivity.currentIndex<=0){
        MainActivity.currentIndex=MainActivity.musicsData.size()-1;
    }else{
        MainActivity.currentIndex--;
    }
    playMusic();
    MpStatus = SMPConstants.STATUS_PLAY;
    //修改按钮的图片
    tvLrc.setText("");
```

```
        initView(MainActivity.currentIndex);
    }


    //播放下一首歌曲，如果已经是最后一首，则播放第一首歌曲
    private void nextMusic() {
        if(MainActivity.currentIndex>=MainActivity.musicsData.size()-1){
            MainActivity.currentIndex=0;
        }else{
            MainActivity.currentIndex++;
        }
        playMusic();
        MpStatus = SMPConstants.STATUS_PLAY;
        initView(MainActivity.currentIndex);
    }
```

（20）在 MusicPlayFragment 中修改 onClick()方法，代码如下。

```
    public void onClick(View v) {
        switch (v.getId()) {
          case R.id.btnPlay:
                switch (MpStatus) {
                    case SMPConstants.STATUS_PAUSE:
                        continueMusic();
                        break;
                    case SMPConstants.STATUS_PLAY:
                        pauseMusic();
                        break;
                    case SMPConstants.STATUS_STOP:
                        playMusic();
                        break;
                }
                break;
          case R.id.btnPrev:
                prevMusic();
                break;
          case R.id.btnNext:
                nextMusic();
                break;
          default:
```

```
        break;
    }
    MainActivity.musicListAdapter.setSelectedItemPos(
                            MainActivity.currentIndex);
    }
}
```

（21）找到 MusicPlayFragment 的 onCreateView()方法，在 return 语句前添加如下代码，实现一首歌曲播放完毕后，自动播放下一首歌曲的功能。

```
mp.setOnCompletionListener(new MediaPlayer.OnCompletionListener() {
    @Override
    public void onCompletion(MediaPlayer mp) {
        nextMusic();
    }
});
```

5.3   任务 3 使用 Service 实现后台播放歌曲功能

1. 任务简介

在前面的任务中，实现了本地歌曲的获取和播放，但是当关闭当前的 Activity 后，音乐会停止播放。在本任务中，将使用 Service 实现歌曲的后台播放。由于此时播放界面与用于播放歌曲的 Service 是相互独立运行的，因此需要解决播放界面和后台 Service 之间的信息传递问题。这里采用 startService()方法向 Service 中传递数据和命令，通过 BroadcastReceiver 接收 Service 发送的信息，从而实现前台、后台信息的传递。

2. 相关知识

（1）Service。

Service 是 Android 系统的四大组件之一，它和 Activity 的级别差不多，但没有界面，只能在后台运行。Service 可以在很多场合中使用，如检测网络状态的变化、在后台记录用户地理位置的改变等。

Service 的启动方式有两种：使用 context.startService()方法和使用 context.bindService()方法。Service 的生命周期如图 5-7 所示。

① 使用 context.startService()方法启动 Service 的流程如下：如果 Service 还没有运行，则 Android 先调用 onCreate()方法，再调用 onStartCommand()方法（如果 Service 已经运行，则只调用 onStartCommand()方法，所以一个 Service 的 onStartCommand()方法可能会被重复调用）如果 Service 主动或被动停止，则会调用 onDestroy()方法。

② 使用 context.bindService()启动 Service 的流程如下：Android 先调用 onCreate()方法，再调用 onBind()方法，onBind()方法将返回给调用者一个 IBinder 接口对象，该对象允许调

用者直接调用 Service 的方法，如获得 Service 的对象、运行状态或执行其他操作等。此时，调用者（上下文对象，如 Activity）和 Service 被绑定在一起，如果调用者退出了，则 Service 也会跟着结束，自动调用 onUnbind()和 onDestroy()方法。

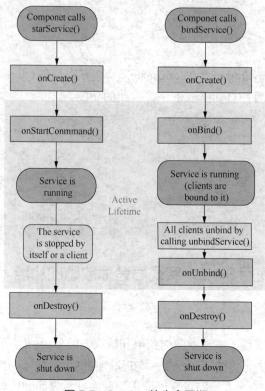

图 5-7　Service 的生命周期

　　在 Service 的每一次开启及关闭过程中，只有 onStartCommand()方法可被多次调用（通过多次调用 startService()），其他方法（如 onCreate()、onBind()、onUnbind()、onDestory()），在一个生命周期中只能被调用一次。

　　（2）前台服务和通知（Notification）。

　　后台运行的 Service 的系统优先级相对较低，当系统内存不足时，在后台运行的 Service 就有可能被回收，为了保持后台服务的正常运行及相关操作的正确执行，可以选择将需要保持运行的 Service 设置为前台服务，从而使 App 长时间处于后台或者关闭（进程未被清理）状态时，Service 能够保持工作。前台服务必须为状态栏提供通知，且除非 Service 停止或从前台删除，否则不能清除通知。

　　① startForeground(int id, Notification notification)：该方法的作用是把当前服务设置为前台服务，其中参数 id 代表唯一标识通知的整型数，需要注意的是提供给 startForeground()方法的整型 id 不得为 0，notification 是状态栏的一个通知。

　　② stopForeground(boolean removeNotification)：该方法用来从前台删除服务，此方法传入一个布尔值参数，指示是否也删除状态栏通知，true 为删除。注意，该方法并不会停止 Service。但是，如果 Service 正在前台运行时将其停止，则通知也会被删除。

通知是 Android 系统中的一个特色功能，当某个后台应用程序希望向用户发出一些提示信息时，就可以借助通知来实现。发出一条通知后，手机最上方的状态栏中会显示一个通知图标，下拉状态栏可以看到详细的内容。

通知的使用主要涉及两个类：NotificationManager 和 Notification。

① NotificationManager：状态栏通知的管理类，负责发送通知、清除通知等。

② Notification：状态栏通知对象，可以设置图标、文字、提示声音、振动等参数。

使用通知的基本步骤如下。

① 创建一个通知栏的 Builder 构造类。

```
Notification.Builder mBuilder = new Notification.Builder(this);
```

② 对 Builder 进行相关设置，如其标题、内容、图标、动作等。

③ 调用 Builder 的 build()方法生成 Notification 对象。

```
Notification notification = mBuilder.build();
```

④ 获得 NotificationManager 对象。

```
NotificationManager manager= (NotificationManager) getSystemService(
                                          NOTIFICATION_SERVICE);
```

⑤ 调用 NotificationManager 的 notify()方法发送通知。

```
manager.notify(1, notification);
```

（3）广播和广播接收器。

在 Android 中，Broadcast 是一种广泛运用在应用程序之间进行信息传输的机制，类似于日常生活中的广播电台。不同的广播电台通过特定的频率来发送它们的内容，而用户只需要将收音机的频率调整为和广播电台的一样即可收听。

Android 系统通过 sendBroadcast()方法发送广播信息。广播接收器是为了接收系统广播而设计的一种组件，相当于收音机。特定的 Intent 就是广播的频率。

BroadcastReceiver 用于监听被广播的事件，必须注册，使 Android 系统知道现在有这样一个广播接收器正在等待接收广播。当有广播事件产生时，Android 先告诉注册到其中的广播接收器产生了一个怎样的事件，每个接收器先判断其是不是自己需要的事件，如果是，则进行相应的处理。

BroadcastReceiver 注册的方法有静态注册和动态注册两种。

静态注册方法是在 AndroidManifest.xml 文件的 application 节中定义 receiver 并设置要接收的 action。静态注册的特点是不管该应用程序是否处于活动状态，都会监听。

```
<receiver android:name="MyReceiver">
    <intent-filter>
        <action android:name="MyReceiver_Action"/>
    </intent-filter>
</receiver>
```

其中，MyReceiver 继承自 BroadcastReceiver 类，并重写了 onReceive()方法，对广播进行处理；而<intent-filter>用于设置过滤器，接收指定 action 的广播。

动态注册方法是在程序中调用函数来注册，它的一个参数是 receiver，另一个参数是 IntentFilter，用来指定要接收的 action。

动态注册方法的特点：在代码中进行注册，当应用程序关闭后，不再监听。

```
MyReceiver receiver=new MyReceiver();
//创建过滤器，并指定 action，使之用于接收指定 action 的广播
IntentFilter filter=new IntentFilter("MyReceiver_Action");
//注册广播接收器
registerReceiver(receiver,filter);
```

动态注册方式下可以使用以下代码注销接收器。

```
//注销广播接收器
unregisterReceiver(receiver);
```

注册好接收器之后即可发送广播，代码如下。

```
//指定广播目标 Action
Intent intent=new Intent("MyReceiver_Action");
//可通过 Intent 携带消息
intent.putExtra("msg","发送广播");
//发送广播消息
sendBroadcast(intent);
```

3. 任务实施

第 5 章任务 3 操作-1

（1）本任务的整体实现思路如下：首先创建一个 Service。因为歌曲的播放都将围绕着这个 Service，所以将歌曲列表集合、当前播放序号和播放器状态信息在 Service 中用 3 个静态变量定义。在前端界面通过定义两个广播接收器来获取 Service 状态和命令执行情况，前端界面用 startService()方法向 Service 发送命令，Sevice 执行完命令后，再将结果通过广播返回给前端界面；前端界面收到广播消息后，根据不同条件来刷新界面。

（2）新建包 cn.edu.szpt.mysimplemp3player.services，在该包中新建服务类 PlayMusicService，重写相关方法，并参照 MainActivity 和 MusicPlayFragment 中的代码，在 PlayMusicService 中定义 3 个公有的静态变量：musicsData 用于存放歌曲列表信息，currentIndex 用于存放当前歌曲的序号，MpStatus 用于记录播放器状态。然后添加成员变量 mp，用来播放歌曲，代码如下。注意，需要在 AndroidManifest.xml 文件中声明该 Service。

```
public class PlayMusicService extends Service {
    public static List<MusicBean> musicsData;
    public static int currentIndex=-1;
    //用于记录播放器的状态
    public static int MpStatus;
    //保存 MediaPlayer 对象，用于播放歌曲
```

```
private MediaPlayer mp;

@Override
public IBinder onBind(Intent intent) {
    return null;
}


@Override
public void onCreate() {
    super.onCreate();
    musicsData=new ArrayList<MusicBean>();
    setData();
    if(musicsData.size()>0)  currentIndex = 0;
    //将当前播放器状态设置为 Stop 状态
    MpStatus= SMPConstants.STATUS_STOP;
    //实例化 MediaPlayer 对象
    mp = new MediaPlayer();
}


@Override
public void onDestroy() {
    super.onDestroy();
    mp.release();
    mp = null;
}


private void setData() {
    musicsData.clear();
    //通过 ContentProvider 查询存储卡中的音乐文件
    Cursor c = this.getContentResolver().query(
            MediaStore.Audio.Media.EXTERNAL_CONTENT_URI,
            null, null, null, null);
    while (c.moveToNext()) {
        String musicname = c.getString(c.getColumnIndex(
                MediaStore.Audio.Media.TITLE));
        String singer = c.getString(c.getColumnIndex(
```

```
                MediaStore.Audio.Media.ARTIST));
        int duration = c.getInt(c.getColumnIndex(
                MediaStore.Audio.Media.DURATION));
        String musicurl = c.getString(c.getColumnIndex(
                MediaStore.Audio.Media.DATA));
        String lrcurl = "";
        MusicBean bean = new MusicBean(musicname, singer, duration,
                musicurl, lrcurl);
        musicsData.add(bean);
    }
    c.close();
    }
}
```

（3）切换到 MainActivity 中，删除与 PlayMusicService 中重复的静态变量和方法，然后，根据错误信息定位到整个应用程序中需要修改的地方，用 PlayMusicService.musicsData 取代 MainActivity.musicsData 或 musicsData。修改后的 MainActivity.java 文件的代码如下。

```
public class MainActivity extends AppCompatActivity {
    private ViewPager2 pager;
    private MyViewPagerAdapter adapter;
    private List<Fragment> fragmentList;
    public static MusicListAdapter musicListAdapter;

    @Override
    protected void onCreate(Bundle savedInstanceState) {
        super.onCreate(savedInstanceState);
        setContentView(R.layout.activity_main);
        pager = findViewById(R.id.pager);
        musicListAdapter = new MusicListAdapter(this,
                                  PlayMusicService.musicsData);
        fragmentList = new ArrayList<Fragment>();
        MusicPlayFragment f1 = new MusicPlayFragment();
        MusicListFragment f2 = new MusicListFragment();
        fragmentList.add(f1);
        fragmentList.add(f2);
        adapter = new MyViewPagerAdapter(getSupportFragmentManager(),
                                  getLifecycle(), fragmentList);
        pager.setAdapter(adapter);
```

```
        }
    }
```

（4）如果要运行程序，需要等 Service 完成数据初始化后，再让 Activity 进入相应的 Fragment 界面，否则会出现 musicsData 为 null 的问题。但是启动 Service 是一个异步命令，无法知道何时启动完成。为解决这个问题，使用广播来实现前台 Activity 和后台 Service 之间的同步。具体操作如下：在 Activity 中启动 Service，由 Service 向 Activity 发送广播，然后 Activity 接收广播，初始化相应的 Fragment。

① 在 SMPConstants 类中定义广播标志及相关的前后台交互命令，代码如下。

```
public class SMPConstants {
    //MediaPlayer 的状态信息
    public static final int STATUS_STOP = 0;
    public static final int STATUS_PLAY = 1;
    public static final int STATUS_PAUSE = 2;

    //Service 的状态
    public static final int Service_STATUS_OK = 11;
    public static final int Service_STATUS_ERR = 12;
    public static final int Service_STATUS_EXIT = 13;

    //命令执行结果
    public static final int CMD_DONE = 21;
    public static final int CMD_ERR = 22;

    // Activity 向 Service 传送的命令
    public static final int CMD_PLAY = 31;                //播放
    public static final int CMD_PAUSE = 32;               //暂停
    public static final int CMD_CONTINUE = 33;            //继续播放
    public static final int CMD_PREV = 34;                //播放上一首
    public static final int CMD_NEXT = 35;                //播放下一首
    public static final int CMD_PLAY_INDEX = 36;          //播放指定位置的歌曲
    public static final int CMD_GETINFORM = 37;           //获取后台状态信息
    public static final int CMD_CHANGEPROGRESS = 38;      //改变播放进度
    public static final int CMD_EXIT = 39;                //结束，退出应用程序
    //后台向前台发送当前状态信息广播
    public static final String ACT_SERVICE_STATUS_BROADCAST =
            "cn.edu.szpt.MySimpleMP3Player.ACT_SERVICE_STATUS_BROADCAST";
    //后台向前台发送歌词广播
```

```
    public static final String ACT_LRC_BROADCAST=
            "cn.edu.szpt.MySimpleMP3Player.ACT_LRC_BROADCAST";
    //后台向前台发送命令执行情况广播
    public static final String ACT_CMD_RESULT_BROADCAST=
            "cn.edu.szpt.MySimpleMP3Player.ACT_CMD_RESULT_BROADCAST";
}
```

② 在 MainActivity 中定义内部类 StatusReceiver（继承自 BroadcastReceiver 类），并重写相应方法，该接收器主要接收 Service 的状态信息，如果正常，则执行初始化界面的代码。将 MainActivity 中 onCreate()方法里初始化界面的代码复制到这里，代码如下。

```
class StatusReceiver extends BroadcastReceiver {
    @Override
    public void onReceive(Context context, Intent intent) {
        int serviceStatus = intent.getIntExtra("status",
                                    SMPConstants.Service_STATUS_ERR);
        switch (serviceStatus) {
            case SMPConstants.Service_STATUS_OK:
                musicListAdapter = new MusicListAdapter(
                 getApplicationContext(), PlayMusicService.musicsData);
                fragmentList = new ArrayList<Fragment>();
                MusicPlayFragment f1 = new MusicPlayFragment();
                MusicListFragment f2 = new MusicListFragment();
                fragmentList.add(f1);
                fragmentList.add(f2);
                adapter = new MyViewPagerAdapter(
                                    getSupportFragmentManager(),
                                    getLifecycle(), fragmentList);
                pager.setAdapter(adapter);
                //根据当前序号，更新歌曲列表
                musicListAdapter.setSelectedItemPos(
                                    PlayMusicService.currentIndex);
                break;
            case SMPConstants.Service_STATUS_EXIT:
                finish();
                break;
            case SMPConstants.Service_STATUS_ERR:
                Toast.makeText(getApplicationContext(),
                    "音乐播放出错，请重新运行", Toast.LENGTH_LONG).show();
```

```
                    finish();
            }
        }
    }
```

③ 在 MainActivity 中添加一个广播接收器类型的成员变量 statusReceiver，然后在 onCreate()方法中删除初始化界面的代码，并添加注册接收器和启动 Service 的代码，如下所示。

```
private StatusReceiver statusReceiver;
protected void onCreate(Bundle savedInstanceState) {
        super.onCreate(savedInstanceState);
        setContentView(R.layout.activity_main);
        pager = findViewById(R.id.pager);
        //注册广播
        statusReceiver = new StatusReceiver();
        registerReceiver(statusReceiver, new IntentFilter(
                SMPConstants.ACT_SERVICE_STATUS_BROADCAST));
        //向 Service 发送命令，获取 Service 状态
        Intent intent = new Intent(MainActivity.this,
                                                PlayMusicService.class);
        intent.putExtra("CMD", SMPConstants.CMD_GETINFORM);
        startService(intent);
    }
```

④ 在 PlayMusicService 中添加成员方法 sendMPSInform()，向前台发送状态信息，代码如下。

```
private void sendMPSInform(int servicestatus) {
        Intent i = new Intent(SMPConstants.ACT_SERVICE_STATUS_BROADCAST);
        i.putExtra("status", servicestatus);
        sendBroadcast(i);
    }
```

⑤ 修改 PlayMusicService 中的 onStartCommand()方法，代码如下。

```
public int onStartCommand(Intent intent, int flags, int startId) {
    if(intent !=null) {
        int cmd = intent.getIntExtra("CMD", -1);
        switch (cmd) {
            case SMPConstants.CMD_GETINFORM:
                sendMPSInform(SMPConstants.Service_STATUS_OK);
                break;
```

```
            }
        }
        return super.onStartCommand(intent, flags, startId);
    }
```

（5）此时，实现了应用程序启动时，歌曲列表和当前歌曲信息的显示。下面来实现歌曲的播放功能。由于需要在 Service 中播放，所以可参照 5.2 节 "任务实施" 中步骤（18）~步骤（19），对 PlayMusicService 做相应修改，代码如下。

```
public class PlayMusicService extends Service {
    //省略成员变量及 onCreate() 方法

    @Override
    public int onStartCommand(Intent intent, int flags, int startId) {
        if (intent != null) {
            int cmd = intent.getIntExtra("CMD", -1);
            switch (cmd) {
                case SMPConstants.CMD_GETINFORM:
                    sendMPSInform(SMPConstants.Service_STATUS_OK);
                    break;
                case SMPConstants.CMD_PLAY:
                    playMusic();
                    break;
                case SMPConstants.CMD_NEXT:
                    nextMusic();
                    break;
                case SMPConstants.CMD_PAUSE:
                    pauseMusic();
                    break;
                case SMPConstants.CMD_CONTINUE:
                    continueMusic();
                    break;
                case SMPConstants.CMD_PREV:
                    prevMusic();
                    break;
                case SMPConstants.CMD_PLAY_INDEX:
                    currentIndex= intent.getIntExtra("INDEX", -1);
                    playMusic();
```

```
                break;

        }
        Intent i = new Intent(SMPConstants.ACT_CMD_RESULT_BROADCAST);
        i.putExtra("status",SMPConstants.CMD_DONE);
        i.putExtra("cmd",cmd);
        sendBroadcast(i);
    }
    return super.onStartCommand(intent, flags, startId);
}


//暂停播放
private void pauseMusic() {
    mp.pause();
    MpStatus = SMPConstants.STATUS_PAUSE;
}


//继续播放
private void continueMusic() {
    mp.start();
    MpStatus = SMPConstants.STATUS_PLAY;
}


//播放
private void playMusic() {
    String musicPath = PlayMusicService.musicsData.get(currentIndex)
        .getMusicUrl();
    try {
        mp.reset();
        mp.setDataSource(musicPath);
        mp.prepareAsync();
        mp.setOnPreparedListener(new MediaPlayer.OnPreparedListener() {
            @Override
            public void onPrepared(MediaPlayer mp) {
                mp.start();
                MpStatus = SMPConstants.STATUS_PLAY;
            }
```

```
        });
    } catch (IOException e) {
        e.printStackTrace();
    }
}


//播放上一首歌曲，如果已经是第一首，则播放最后一首歌曲
private void prevMusic() {
    if(currentIndex<=0){
        currentIndex=PlayMusicService.musicsData.size()-1;
    }else{
        currentIndex--;
    }
    playMusic();
    MpStatus = SMPConstants.STATUS_PLAY;
}


//播放下一首歌曲，如果已经是最后一首，则播放第一首歌曲
private void nextMusic() {
    if(currentIndex>=PlayMusicService.musicsData.size()-1){
        currentIndex=0;
    }else{
        currentIndex++;
    }
    playMusic();
    MpStatus = SMPConstants.STATUS_PLAY;
}
//省略部分代码
}
```

（6）切换到 MusicPlayFragment，删除成员变量 mp 和 MpStatus，将该类中所有使用 MpStatus 的地方改为 PlayMusicService.MpStatus，然后修改与播放器操作相关的方法，主要是发送命令；等 Service 执行完成后，将结果通过广播发送回来，再在接收器的回调方法中更新界面状态，代码如下。

```
public class MusicPlayFragment extends Fragment implements View.OnClick
Listener {
    //省略没有变化的代码
    @Override
```

```java
public void onClick(View v) {
    switch (v.getId()) {
        case R.id.btnPlay:
            switch (PlayMusicService.MpStatus) {
                case SMPConstants.STATUS_PAUSE:
                    continueMusic();
                    break;
                case SMPConstants.STATUS_PLAY:
                    pauseMusic();
                    break;
                case SMPConstants.STATUS_STOP:
                    playMusic();
                    break;
            }
            break;
        case R.id.btnPrev:
            prevMusic();
            break;
        case R.id.btnNext:
            nextMusic();
            break;
        default:
            break;
    }
    MainActivity.musicListAdapter.setSelectedItemPos(
                        PlayMusicService.currentIndex);
}


//暂停播放
private void pauseMusic() {
    Intent i = new Intent(getActivity(), PlayMusicService.class);
    i.putExtra("CMD", SMPConstants.CMD_PAUSE);
    getActivity().startService(i);
}


//继续播放
private void continueMusic() {
```

```
            Intent i = new Intent(getActivity(), PlayMusicService.class);
            i.putExtra("CMD", SMPConstants.CMD_CONTINUE);
            getActivity().startService(i);

    }


    //播放
    private void playMusic() {
            Intent i = new Intent(getActivity(), PlayMusicService.class);
            i.putExtra("CMD", SMPConstants.CMD_PLAY);
            getActivity().startService(i);

    }


    //播放上一首歌曲，如果已经是第一首，则播放最后一首歌曲
    private void prevMusic() {
            Intent i = new Intent(getActivity(), PlayMusicService.class);
            i.putExtra("CMD", SMPConstants.CMD_PREV);
            getActivity().startService(i);

    }


    //播放下一首歌曲，如果已经是最后一首，则播放第一首歌曲
    private void nextMusic() {
            Intent i = new Intent(getActivity(), PlayMusicService.class);
            i.putExtra("CMD", SMPConstants.CMD_NEXT);
            getActivity().startService(i);

    }

}
```

（7）在 MusicPlayFragment 中，添加一个广播接收器，重写 onReceive()方法，更新界面状态，代码如下。

```
class CmdResultReceiver extends BroadcastReceiver {

    @Override
    public void onReceive(Context context, Intent intent) {
        int cmdResult = intent.getIntExtra("status",
                                        SMPConstants.CMD_ERR);
        int cmd = intent.getIntExtra("cmd", -1);
        if (cmdResult == SMPConstants.CMD_DONE) {
            switch (cmd) {
```

```
            case SMPConstants.CMD_PLAY:
                //修改按钮的图片
                btnPlay.setImageResource(R.drawable.pause_selector);
                tvLrc.setText("");
                break;
            case SMPConstants.CMD_PAUSE:
                //修改按钮的图片
                btnPlay.setImageResource(R.drawable.play_selector);
                break;
            case SMPConstants.CMD_CONTINUE:
                //修改按钮的图片
                btnPlay.setImageResource(R.drawable.pause_selector);
                break;
            case SMPConstants.CMD_PREV:
            case SMPConstants.CMD_NEXT:
            case SMPConstants.CMD_PLAY_INDEX:
                initView(PlayMusicService.currentIndex);
                break;
        }
    }
    MainActivity.musicListAdapter.setSelectedItemPos(
                        PlayMusicService.currentIndex);
    }
}
```

（8）在 MusicPlayFragment 中，添加接收器类型的成员变量，并在 onCreateView()方法中进行配置，代码如下。

```
private CmdResultReceiver receiver;

    @Override
    public View onCreateView(LayoutInflater inflater, ViewGroup container,
                        Bundle savedInstanceState) {
        //省略部分代码
        receiver = new CmdResultReceiver();
        getActivity().registerReceiver(receiver, new IntentFilter(
                        SMPConstants.ACT_CMD_RESULT_BROADCAST));
        return view;
    }
```

（9）运行程序，可以实现播放界面的基本操作。下面实现在歌曲列表界面通过点击播放歌曲的功能。

（10）切换到 MusicListAdapter，找到 onBindViewHolder()方法，在 itemView 的点击事件监听器的回调方法中，向服务发送播放指定歌曲的命令，代码如下。

```java
public void onBindViewHolder(MusicListAdapter.ViewHolder holder,
                                                        int position) {

    //省略部分代码
    //响应用户点击事件
      holder.itemView.setOnClickListener(new View.OnClickListener() {
          @Override
          public void onClick(View v) {
              Intent i = new Intent(context, PlayMusicService.class);
              i.putExtra("CMD", SMPConstants.CMD_PLAY_INDEX);
              i.putExtra("INDEX",position);
              context.startService(i);
              notifyDataSetChanged();
          }
      });
      //省略部分代码
  }
```

（11）单击工具栏中的 ▶ 按钮，运行程序，实现歌曲的后台播放功能。

（12）但是在高版本的 Android 中运行应用程序时，如果将本应用程序切换到后台，很快我们的后台播放服务就会被系统"杀"掉，其实并没有实现歌曲的后台播放。为了解决这个问题，需要将歌曲播放服务设置为前台服务。主要步骤是：首先创建一个 Notification 对象，然后通过在服务的 onCreate()方法中调用 startForeground()方法，将服务设置为前台服务。切换到 PlayMusicService.java 文件，添加两个成员变量和一个成员方法，代码如下。

第 5 章任务 3 操作-2

```java
private String notificationId = "MySimpleMp3Player_ID";
private String notificationName = "MySimpleMp3Player";


private Notification getNotification() {
    NotificationManager notificationManager = (NotificationManager)
                    getSystemService(Context.NOTIFICATION_SERVICE);
    //创建 NotificationChannel
    if (Build.VERSION.SDK_INT >= Build.VERSION_CODES.O) {
        NotificationChannel channel = new NotificationChannel(
                                    notificationId, notificationName,
```

```
                                    NotificationManager.IMPORTANCE_HIGH);
        notificationManager.createNotificationChannel(channel);
    }
    Notification.Builder builder = new Notification.Builder(this)
            .setSmallIcon(R.drawable.music)//通知的图片
            .setAutoCancel(true)
            .setContentTitle("简单音乐播放器");
    if (Build.VERSION.SDK_INT >= Build.VERSION_CODES.O) {
        builder.setChannelId(notificationId);
    }
    Notification notification = builder.build();
    return notification;
}
```

（13）在 PlayMusicService.java 文件中找到 onCreate()方法，在末尾添加对 startForeground()
方法的调用，代码如下。

```
startForeground(1,getNotification());
```

设置前台服务，需要拥有 "FOREGROUND_SERVICE" 用户权限，在 AndroidManifest.xml
文件中声明，代码如下。

```
<uses-permission android:name="android.permission.FOREGROUND_SERVICE"/>
```

此时运行程序可看到通知栏中的通知，Service 已经被设置为前台服务，能够实现歌曲
的后台播放功能，效果如图 5-8 所示。

图 5-8　Service 被设置为前台服务的效果

（14）Service 一旦被设置为前台服务，需要调用 stopForeground()方法才能关闭，但目前通知只显示基本信息，用户无法与应用程序交互。因此，需要给这个通知添加自定义的界面，为用户提供与应用程序交互的途径。主要实现两个功能：点击通知条目，打开歌曲播放界面；点击通知中的"退出"按钮，退出音乐播放器。首先，新建一个自定义的布局文件 notification_bar.xml，注意此处的根布局不能使用约束布局。布局的效果和使用的控件如图 5-9 所示。

图 5-9　自定义布局和使用的控件

（15）在 PlayMusicService.java 文件中找到 getNotification()方法，在生成 Notification 对象的语句前添加以下粗体部分代码。

```java
private Notification getNotification() {
    //省略部分代码
    //设置打开 Activity 的 Intent
    PendingIntent toActivity_intent=PendingIntent.getActivity(
                                        getApplicationContext(),2000,
            new Intent(getApplicationContext(),MainActivity.class),
                            PendingIntent.FLAG_UPDATE_CURRENT);
    //设置关闭应用程序的 Intent
    Intent cmd_intent = new Intent(getApplicationContext(),
                                        PlayMusicService.class);
    cmd_intent.putExtra("CMD", SMPConstants.CMD_EXIT);
    PendingIntent exit_intent = PendingIntent.getService(
                                        getApplicationContext(),2001,
                        cmd_intent,PendingIntent.FLAG_UPDATE_CURRENT);
    RemoteViews views = new RemoteViews(getPackageName(),
                                        R.layout.notification_bar);
    views.setCharSequence(R.id.notify_tvMusicTitle,"setText",
                                        "简单音乐播放器");

    views.setImageViewResource(R.id.notify_imgMusicPic,R.drawable.music);
    views.setOnClickPendingIntent(R.id.notify_btnExit,exit_intent);
    builder.setContentIntent(toActivity_intent);
    if (Build.VERSION.SDK_INT >= Build.VERSION_CODES.N) {
```

```
        builder.setCustomContentView(views);
    } else{
        builder.setContent(views);
        views.setTextColor(R.id.notify_tvMusicTitle, Color.BLACK);
    }

    Notification notification = builder.build();
    return notification;
}
```

（16）运行程序，呈现的通知效果如图 5-10 所示。

图 5-10　通知效果

（17）实现退出的功能。在 PlayMusicService.java 文件中，找到 onStartCommand()方法，添加一个 case 分支，当 Service 接收到退出的命令后，则会向前端界面发送一个退出的广播，同时关闭前台服务，代码如下。

```
case SMPConstants.CMD_EXIT:
    sendMPSInform(SMPConstants.Service_STATUS_EXIT);
    stopForeground(true);
    stopSelf();
    break;
```

5.4　任务 4 使用广播实现歌词及歌曲播放进度的同步

1. 任务简介

在本任务中，将实现歌词及歌曲播放进度的同步。因为播放是在 Service 中进行的，而界面显示在 Activity 中，所以需要在两者之间传递信息。这里采用广播方式实现。而在歌词同步显示功能中，需要定时对比播放进度和歌词显示的时间。这里采用多线程结合 Handler 的方式实现。歌词及歌曲播放进度同步的效果如图 5-11 所示。

2. 相关知识

（1）多线程。

通常情况下，人们将一个运行中的应用程序称为一个进程（Process），每个进程又可能包含多个顺序执行流，每个顺序执行流就是一个线程（Thread）。简而言之，线程就是程序中的一个指令执行序列。

线程是程序执行流的最小单元。一个标准的线程由线程 ID、当前指令指针、寄存器集合和堆栈组成。线程是进程中的一个实体，是被系统独立调度和分派的基本单位，线程自己不拥有系统资源，只拥有一些在运行中必不可少的资源，但它可与同属一个进程的其他线程共享进程所拥有的全部资源。当一个程序启动时，就有一个进程被操作系统创建，与此同时，一个线程也立刻运行，该线程通常称为程序的主线程（Main Thread），因为它是程序开始时就运行的，如果还需要创建线程，创建的线程就是主线程的子线程。每一个程序都至少有一个线程，若程序只有一个线程，则线程就是程序本身。

图 5-11　歌词及歌曲播放进度同步的效果

在单个程序中同时运行多个线程完成不同的工作，称为多线程。当有多个线程运行时，操作系统是如何让它们"同时执行"的呢？其实，在计算机中，一个 CPU 在任意时刻只能执行一条机器指令，每个线程只有获得 CPU 的使用权才能执行自己的指令。操作系统通过将 CPU 时间划分为时间片的方式，让就绪线程轮流获得 CPU 的使用权，从而支持多段代码轮流运行，只是这个时间片划分得足够小，使用户觉得它们在同时执行。因此，所谓多线程的并发运行，其实是指从宏观上看，各个线程轮流获得 CPU 的使用权，分别执行各自的任务。

创建线程有继承 Thread 类和实现 Runnable 接口两种方法。

① 通过继承 Thread 类创建线程：通过继承 Thread 类，并重写 run() 方法，可以定义自己的线程类 Demo，并将希望线程执行的代码写到 run() 方法中。

```
public class Demo extends Thread {

        private String name;


        public Demo(String name){

                this.name=name;

        }


        @Override

        public void run() {

                        for(int i=0;i<10;i++){
```

```
            System.out.println(this.name + " is running,i=" + i);
        }
    }
```

启动线程时需要调用 start()方法。注意，由于线程是随机运行的，所以每次运行的结果
都不同。

```
class DemoTest{
    public static void main(String[] args){
        Demo t1=new Demo("Thread_1");
        Demo t2=new Demo("Thread_2");

        t1.start();
        t2.start();
    }
}
```

② 通过实现 Runnable 接口创建线程：由于 Java 是单继承的，如果继承了 Thread 类，
就无法再继承其他类了，因此，在实际开发过程中，通常采用实现 Runnable 接口的方式来
创建线程。

```
public class Demo implements Runnable {

    private String name;

    public Demo(String name){
        this.name=name;
    }

    @Override
    public void run() {
        for(int i=0;i<10;i++){
            System.out.println(this.name + " is running,i=" + i);
        }
    }
}
```

这两种方法的主要不同之处在于将继承 Thread 类（extends Thread）改为了实现 Runnable
接口（implements Runnable）。

此时，启动线程时不能直接调用 run()方法，而需要通过 Thread 类中的 start()方法启动，
具体代码如下。

```
class DemoTest{
```

```
public static void main(String[] args){
        Demo d1=new Demo("Thread_1");
        Demo d2=new Demo("Thread_2");
        Thread t1=new Thread(d1);
        Thread t2=new Thread(d2);
        t1.start();
        t2.start();
    }
}
```

（2）Handler 类。

Android 中不允许 Activity 新启动的线程访问该 Activity 中的 UI 控件，这样会导致新启动的线程无法改变 UI 控件的属性值。但在实际开发中，很多情况下需要在工作线程中改变 UI 控件的属性值，如显示加载进度、网络图片等，因此出现了 Handler 类。

Handler 类直接继承自 Object 类，Handler 可以发送和处理 Message 或者 Runnable 对象，并且会关联到主线程的 MessageQueue 中。Handler 可以把 Message 或 Runnable 对象压入相应的队列，并且从相应的队列中取出 Message 或 Runnable 对象，进而进行相关操作。

Handler 主要有两个作用：在工作线程中发送消息和在 UI 线程中获取、处理消息。

Handler 使用 post 操作将 Runnable 对象压入队列，并调度运行。与 post 操作有关的方法有如下几个。

① post(Runnable r)：把一个 Runnable 压入队列，UI 线程从线程队列中取出这个对象后立即执行。

② postAtTime(Runnable r,long uptimeMillis)：把一个 Runnable 压入队列，UI 线程从线程队列中取出这个对象后，在特定的时间执行。

③ postDelayed(Runnable r,long delayMillis)：把一个 Runnable 压入队列，UI 线程从线程队列中取出这个对象后，延迟 delayMillis 毫秒再执行。

④ removeCallbacks(Runnable r)：从消息队列中移除一个 Runnable 对象。

在工作线程中，使用 Handler 对象通过 sendMessage 的方法把 Message 对象压入队列，UI 线程为获取工作线程传递过来的消息，需要在 Handler 类中重写 handleMessage()方法。与 sendMessage 操作有关的方法有如下几个。

① sendEmptyMessage(int)：把一个 EmptyMessage 压入消息队列，UI 线程从消息队列中取出这个对象后立即执行。

② sendMessage(Message)：把一个 Message 压入消息队列，UI 线程从消息队列中取出这个对象后立即执行。

③ sendMessageAtTime(Message,long uptimeMillis)：把一个 Message 压入消息队列，UI 线程从消息队列中取出这个对象后，在特定的时间执行。

④ sendMessageDelayed(Message,long delayMillis)：把一个 Message 压入消息队列，UI 线程从消息队列中取出这个对象后，延迟 delayMillis 毫秒再执行。

Message 是一个 final 类，所以不可被继承。Message 封装了线程中传递的消息，对于一般的数据，Message 提供了 getData()和 setData()方法来获取及设置数据，数据通常封装为一个 Bundle 对象，用于传递基本数据类型的键值对，对于基本数据类型数据的传递，使用起来很方便。

此外，还有一种使用 Message 自带的属性实现数据传递的方式，主要有以下几个属性。

① int arg1：参数一，用于传递不复杂的数据，复杂数据使用 setData()方法传递。

② int arg2：参数二，用于传递不复杂的数据，复杂数据使用 setData()方法传递。

③ Object obj：传递一个任意对象。

④ int what：定义的消息码，一般用于设定消息的标志。

一般不推荐直接使用 Message 对象的构造方法获取它，而是建议使用 Message.obtain()方法或者 Handler.obtainMessage()获取。Message.obtain()会从消息池中获取一个 Message 对象，如果消息池是空的，则会使用构造方法实例化一个新 Message 对象，这样有利于消息资源的利用。

（3）歌词文件。

lrc 是英文 lyric（歌词）的缩写。以.lrc 为扩展名的歌词文件可以在各类数码播放器中同步显示。LRC 格式是一种包含"*:*"形式的"标签"的、基于纯文本的歌词专用格式。它最早由郭祥祥先生提出并在其程序中应用。这种歌词文件既可以用于实现卡拉 OK 功能（需要专门的程序），又能用普通的文字处理软件进行查看、编辑。以下就是一首歌曲的 LRC 文件的部分内容。

[ti:我和我的祖国]

[ar:韩红]

[al:248659]

[by:]

[offset:0]

[00:00.00]我和我的祖国 - 韩红

[00:07.60]词：张藜

[00:15.21]曲：秦咏诚

[00:22.82]我和我的祖国一刻也不能分割

[00:35.38]无论我走到哪里都留下一首赞歌

[00:46.31]我歌唱每一座高山

[00:51.75]我歌唱每一条河

[00:57.40]袅袅炊烟

[01:00.04]小小村落

[01:02.73]路上一道辙

[01:08.21]我亲爱的祖国我永远紧依着你的心窝

[01:22.56]你用你那母亲的脉搏和我诉说

从上面的内容不难看出，LRC 文件的基本格式为：[时间标签]+歌词内容。

时间标签：其形式为 "[mm:ss]" 或 "[mm:ss.ff]"。其中，数字必须为非负整数，如 "[02:28.3]" 是有效的，而 "[02:-28.5]" 无效。根据这些时间标签，应用程序会按顺序依次高亮显示歌词，从而实现歌词滚动功能。另外，标签无须排序。

除了时间标签之外，有些 LRC 文件还存在标识标签。标识标签的形式为 "[标识名:值]"，其主要包含以下预定义的标签。

① [ar:歌手名]。

② [ti:歌曲名]。

③ [al:专辑名]。

④ [by:编辑者(指 LRC 歌词的制作人)]。

⑤ [offset:时间补偿值]（单位是 ms，正值表示整体提前，负值则相反。它用于整体调整显示快慢，但多数 MP3 文件不支持这种标签）。

第 5 章任务 4 操作

3. 任务实施

（1）在 cn.edu.szpt.mysimplemp3player.beans 包中新建一个实体类，将其命名为 LrcBean，添加相应的 getter 和 setter 方法，实现 Comparable 接口，代码如下。

```
public class LrcBean implements Comparable<LrcBean>{
    //歌词开始时间
    private int beginTime;
    //歌词信息
    private String lrcMsg;

    //省略构造器方法和以上两个属性的getter、setter方法
    @Override
    public int compareTo(@NonNull LrcBean another) {
      return this.beginTime-another.beginTime;
    }
}
```

（2）新建包 cn.edu.szpt.mysimplemp3player.lrc，在该包中新建 LrcProcessor 类，用于解析歌词文件，使用时调用 process() 方法进行解析，如果解析成功，则返回 List<LrcBean> 集合，如果解析不成功或不存在歌词文件，则返回 null，具体代码如下。

```
public class LrcProcessor {
    //判断歌词文件的编码
    public static String getCharSet(InputStream in){
        byte[] b = new byte[3];
        String charset="";
        try {
```

```
        in.read(b);
        in.close();
        if (b[0] ==(byte) 0xEF && b[1] == (byte)0xBB && b[2] ==(byte) 0xBF)
            charset= "UTF-8";
        else if(b[0] == (byte) 0xFE && b[1] == (byte) 0xFF)
            charset= "UTF-16BE";
        else if(b[0] == (byte) 0xFF && b[1] == (byte) 0xFE)
            charset = "UTF-16LE";
        else
            charset= "GBK";
    } catch (IOException e) {
        // TODO Auto-generated catch block
        e.printStackTrace();
    }
    return charset;
}


//解析歌词文件，解析后的结果以 ArrayList 形式返回
public List<LrcBean> process(InputStream in, String charset){
    List<LrcBean> lrcList=null;
    try{
        InputStreamReader inreader;
        if(!charset.equals("")){
            inreader=new InputStreamReader(in,charset);
        }else{
            inreader=new InputStreamReader(in);
        }
        BufferedReader br=new BufferedReader(inreader);
        lrcList = new ArrayList<LrcBean>();
        String temp;
        while((temp=br.readLine())!=null){
            LrcBean bean = paraseLine(temp);
            if(bean !=null) {
                lrcList.add(bean);
            }
        }
        Collections.sort(lrcList);
        br.close();
```

```
            in.close();
        }catch(IOException ex){
            Log.i("IOException", ex.getMessage());
        }
        return lrcList;
    }


    //按照歌词文件的格式解析一行数据
    private LrcBean paraseLine(String str){
        String msg;
        //获得歌曲名信息
        if (str.startsWith("[ti:")) {
            String title = str.substring(4, str.length() - 1);
            System.out.println("title--->" + title);
        }//获得歌手信息
        else if (str.startsWith("[ar:")) {
            String singer = str.substring(4, str.length() - 1);
            System.out.println("singer--->" + singer);
        }//获得专辑信息

        else if (str.startsWith("[al:")) {
            String album = str.substring(4, str.length() - 1);
            System.out.println("album--->" + album);
        }//通过正则表达式获得每句歌词的信息
        else {
            Pattern p=Pattern.compile(
"\\[\\s*[0-9]{1,2}\\s*:\\s*[0-5][0-9]\\s*[\\.:]?\\s*[0-9]?[0-9]?\\s*\\]"
                                );
            Matcher m=p.matcher(str);
            msg=str.substring(str.lastIndexOf("]")+1);
            if(m.find()){
                String timestr=m.group();
                timestr=timestr.substring(1,timestr.length()-1);
                int timeMil=time2long(timestr);
                LrcBean temp=new LrcBean(timeMil,msg);
                return temp;
            }
```

```
        }
        return null;
    }


//将 mm:ss.ddd 格式的时间转换为 ms 值
private int time2long(String timestr){
    int min=0,sec=0,mil=0;
    try{
        timestr= timestr.replace(".", ":");
        String[] s=timestr.split(":");
        switch (s.length) {
            case 2:
                min=Integer.parseInt(s[0]);
                sec=Integer.parseInt(s[1]);
                break;
            case 3:
                min=Integer.parseInt(s[0]);
                sec=Integer.parseInt(s[1]);
                mil=Integer.parseInt(s[2]);
                break;
        }
    }catch(Exception ex){
        Log.i("LrcErr", timestr + ex.getMessage());
    }
    return min*60*1000+ sec*1000+mil*10;
    }
}
```

（3）歌词的同步原理：歌曲播放时，程序通过一个线程定时比较当前时间和歌词文件中指定的开始时间，如果到了开始时间，则通过广播将该段歌词发送出去，否则，等待下次比较时间。这里将定时设置为 100ms 一次。同时考虑到界面同步播放进度的基本原理跟歌词同步一样，也就是定时从 Service 向前台发送一次进度信息广播。因此，下面将这两个同步工作放在一起完成。

① 打开 PlayMusicService 类，添加两个成员变量，代码如下。

```
//用于调度歌词线程
private Handler lrcHandler = new Handler();
//自定义实现 Runnable 接口的线程类
private LrcCallBack r = null;
```

② 在 PlayMusicService 类中声明内部类 LrcCallBack 并实现 Runnable 接口，此后重写 run()方法。在该方法中比较时间，判断是否到了要求的时间，如果到了，则发送广播，代码如下。

```
class LrcCallBack implements Runnable {
    private List<LrcBean> lrcs;
    private int nextTimeMil = 0;
    //歌词 Arraylist 中的序号
    private int LrcPos;
    //歌词内容
    private String message;
    //是否显示歌词
    private boolean isShowLrc;

    public LrcCallBack(List<LrcBean> lrcs,boolean isShowLrc) {
        this.lrcs = lrcs;
        this.isShowLrc = isShowLrc;
        if(isShowLrc) {
            LrcPos = 0;
            nextTimeMil = lrcs.get(LrcPos).getBeginTime();
            message = lrcs.get(LrcPos).getLrcMsg();
        }
    }

    @Override
    public void run() {
        try {
            //获取当前播放时间
            int time = mp.getCurrentPosition();
            Intent pg_intent = new Intent(SMPConstants.ACT_LRC_BROADCAST);
            pg_intent.putExtra("type", 0);
            pg_intent.putExtra("POS", time);
            sendBroadcast(pg_intent);
            //如果到了歌词显示的时间，则将歌词以广播形式发送出去
            if (isShowLrc && time >= nextTimeMil) {
                //通过广播形式将歌词发送到前台
                Intent i = new Intent(SMPConstants.ACT_LRC_BROADCAST);
                i.putExtra("type", 1);
```

```
            i.putExtra("LRC", message);
            sendBroadcast(i);
            LrcPos++;
            if (LrcPos < lrcs.size()) {
                //获取下一句歌词的显示时间
                nextTimeMil = lrcs.get(LrcPos).getBeginTime();
                //获取下一句歌词的内容
                message = lrcs.get(LrcPos).getLrcMsg();
            }
        }
        //如果时间没有超过歌曲长度，则100ms后再次运行该线程
        if (time < mp.getDuration()) {
            lrcHandler.postDelayed(this, 100);
        }
    } catch (Exception e) {
        Log.i("D", e.getMessage());
    }
    }
}
```

（4）切换到 PlayMusicService 中，当开始播放歌曲时，搜索歌词文件，如果文件存在，则解析歌词文件，并添加成员方法 initLrc()（用于解析歌词文件），代码如下。

```
private void initLrc(String lrcPath) {
    // TODO Auto-generated method stub
    InputStream in;
    List<LrcBean> lrcs = null;
    try {
        //判断指定文件的编码格式
        String charset = LrcProcessor.getCharSet(
                                    new FileInputStream(lrcPath));
        //解析歌词文件
        LrcProcessor lrcProc = new LrcProcessor();
        in = new FileInputStream(lrcPath);
        lrcs = lrcProc.process(in, charset);
        if (r != null) {
            lrcHandler.removeCallbacks(r);
        }
    } catch (FileNotFoundException e) {
```

```
            // TODO Auto-generated catch block
            e.printStackTrace();
      }finally {
            boolean isShowLrc=false;
            if(lrcs!=null){
                isShowLrc = true;
            }
            //实例化线程对象
            r = new LrcCallBack(lrcs,isShowLrc);
      }
}
```

（5）修改 PlayMusicService 类中的 playMusic()方法，添加启动歌词和进度条同步线程的代码，如以下粗体部分所示。

```
private void playMusic() {
    String musicPath = PlayMusicService.musicsData.get(currentIndex)
                                        .getMusicUrl();
    try {
        //省略部分代码
        //解析歌词
        initLrc(musicPath.substring(0, musicPath.length() - 3) + "lrc");
        mp.setOnPreparedListener(new MediaPlayer.OnPreparedListener() {
                @Override
                public void onPrepared(MediaPlayer mp) {
                    mp.start();
                    //启动歌词和进度条同步线程
                    lrcHandler.post(r);
                    MpStatus = SMPConstants.STATUS_PLAY;
                }
            });
        } catch (IOException e) {
            e.printStackTrace();
        }
    }
}
```

（6）切换到 MusicPlayFragment.java 文件，增加内部类 LrcReceiver，该类继承自 BroadcastReceiver 类，用于接收歌词广播的信息，代码如下。

```
class LrcReceiver extends BroadcastReceiver {
      @Override
```

```
        public void onReceive(Context context, Intent intent) {
            int type = intent.getIntExtra("type",-1);
            switch (type){
                case 0:
                        //获取广播中的歌词信息
                        int pos = intent.getIntExtra("POS",0);
                        //显示歌词信息
                        sbMusic.setProgress(pos);
                        tvPlayTime.setText(Util.toTime(pos));
                        break;
                case 1:
                        //获取广播中的歌词信息
                        String msg = intent.getStringExtra("LRC");
                        //显示歌词信息
                        tvLrc.setText(msg);
                        break;
                }
            }
        }
```

（7）在 MusicPlayFragment 中添加对 LrcReceiver 的动态注册代码。添加成员变量 lrcReceiver，即语句 "private LrcReceiver lrcReceiver;"，并在 onCreateView()方法的 return 语句之前添加如下代码，实现广播接收器的注册。

```
private LrcReceiver lrcReceiver;

@Override
public View onCreateView(LayoutInflater inflater, ViewGroup container,
                                    Bundle savedInstanceState) {
    //此处省略代码
     lrcReceiver=new LrcReceiver();
    getActivity().registerReceiver(lrcReceiver,  new IntentFilter(
    SMPConstants.ACT_LRC_BROADCAST));
    return view;

}
```

（8）在 MusicPlayFragment 中重写 onDestroyView()方法，取消广播接收器的注册，代码如下。

```
@Override
public void onDestroyView() {
```

```
        super.onDestroyView();
        //取消广播接收器的注册
        getActivity().unregisterReceiver(lrcReceiver);
    }
```

（9）单击工具栏中的 ▶ 按钮，运行程序，运行效果如图 5-11 所示。此时，程序已经能够同步显示歌词和播放进度。

5.5 课后练习

（1）完善进度同步功能，实现用户拖曳进度滑块，歌曲跳转到指定位置继续播放的功能。

提示： 为进度控件增加监听器 OnSeekBarChangeListener，使之能响应用户的拖曳操作，代码如下。

```
sbMusic.setOnSeekBarChangeListener(new SeekBar.OnSeekBarChangeListener() {
    @Override
    public void onProgressChanged(SeekBar seekBar, int progress, boolean
fromUser){


    }

    @Override
    public void onStartTrackingTouch(SeekBar seekBar) {


    }

    @Override
    public void onStopTrackingTouch(SeekBar seekBar) {


    }
});
```

其中，声明了以下 3 个方法。

① onStartTrackingTouch()方法：在进度滑块开始拖曳的时候调用。

② onStopTrackingTouch()方法：在进度滑块停止拖曳的时候调用。

③ onProgressChanged()方法：在进度改变的时候调用。

实现思路如下。

① 重写 onProgressChanged()方法，当 fromUser 为 true 时，将当前进度值发送给后台（命令为 CMD_ CHANGEPROGRESS）。

② 在 Service 中，当接收到 CMD_CHANGEPROGRESS 命令时，获取跳转到的进度值，通过 mp.seekTo()方法使播放器跳转到指定位置，同步搜索对应的歌词位置，回送到前台，并继续播放。

（2）尝试修改通知里的自定义布局，实现在通知里控制歌曲的播放。

提示： 参照本任务中实现通知自定义布局的方式搭建歌曲播放界面，主要是"播放/停止""上一首""下一首"3 个按钮，控制方式与 MusicPlayFragment 中的类似，通过向播放服务发送命令，然后通过广播接收器获取执行情况，以更新通知界面。

5.6　小讨论

针对近年来电信网络诈骗犯罪持续高发，诈骗分子作案手法不断翻新的情况，公安部会同中央网信办、工业和信息化部、中国人民银行等部门，开创性地开展技术拦截、精准劝阻等工作，并推出"国家反诈中心"App，功能包括：通过及时发布典型案例，普及防骗知识，提升群众防骗意识和识骗能力；对收到的涉诈短信和电话、登录的涉诈网址会尽可能发出预警提示；群众可通过 App 一键举报涉诈信息。据统计，2021 年"国家反诈中心"App 紧急止付涉案资金 3200 余亿元，拦截诈骗电话 15.5 亿次，成功避免 2800 余万民众受骗。

想一想如何将学过的移动互联网技术服务于我们的日常生活。

第❻章 网络通信综合开发

本章概览

　　本章将介绍 Android 网络通信编程的相关内容，主要涉及如何获取服务器端的数据、如何解析获取的数据以及如何与服务器端进行交互等几个方面的内容。在获取服务器端数据的环节，将分别使用 HttpUrlConnection 和 Volley 框架进行展示；在解析数据的环节，将使用 Gson 库来实现对 JSON 数据的解析；在与服务器端交互的环节，主要涵盖 Session 的保持和客户端数据的提交两个方面的内容。在项目的实现过程中，将引入图片缓存功能，并对代码进一定的优化。

知识图谱

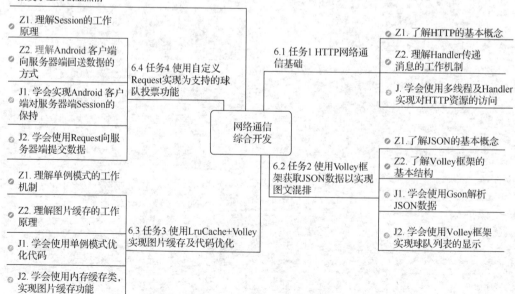

S. 介绍深圳大疆创新科技有限公司创始人汪滔的创业历程。
观看视频、收集相关资料并展开讨论，增强学生的创新意识，激发学生的创业热情

Z1. 理解Session的工作原理

Z2. 理解Android 客户端向服务器端回送数据的方式

J1. 学会实现Android 客户端对服务器端Session的保持

J2. 学会使用Request向服务器端提交数据

Z1. 理解单例模式的工作机制

Z2. 理解图片缓存的工作原理

J1. 学会使用单例模式优化代码

J2. 学会使用内存缓存类，实现图片缓存功能

6.4 任务4 使用自定义Request实现为支持的球队投票功能

6.3 任务3 使用LruCache+Volley实现图片缓存及代码优化

网络通信综合开发

6.1 任务1 HTTP网络通信基础

Z1. 了解HTTP的基本概念

Z2. 理解Handler传递消息的工作机制

J. 学会使用多线程及Handler实现对HTTP资源的访问

6.2 任务2 使用Volley框架获取JSON数据以实现图文混排

Z1.了解JSON的基本概念

Z2. 了解Volley框架的基本结构

J1. 学会使用Gson解析JSON数据

J2. 学会使用Volley框架实现球队列表的显示

J: 技能　Z: 知识　S: 素养

6.1　任务 1 HTTP 网络通信基础

1. 任务简介

在本任务中，将介绍 HTTP 网络通信的基本概念、原理和实现方式，以获取并显示参赛球队名称为例，使用 Handler 结合多线程完成网络通信，效果如图 6-1 所示。

2. 相关知识

（1）Android 网络通信。

目前大多数的 Android 应用程序离不开网络，通过客户端与服务器端的交互，极大地拓展了应用程序的功能和应用范围。常用的 Android 网络编程主要有基于 Socket（套接字）的网络编程和基于 HTTP 的网络编程。

对基于 Socket 的网络编程而言，主要是面向 Socket 进行程序设计，有些类似于 J2SE 中的 Client/Server 编程方式。

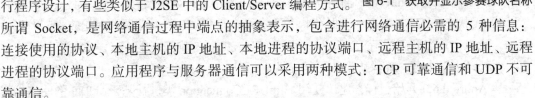

图 6-1　获取并显示参赛球队名称

所谓 Socket，是网络通信过程中端点的抽象表示，包含进行网络通信必需的 5 种信息：连接使用的协议、本地主机的 IP 地址、本地进程的协议端口、远程主机的 IP 地址、远程进程的协议端口。应用程序与服务器通信可以采用两种模式：TCP 可靠通信和 UDP 不可靠通信。

Socket 之间的连接分为 3 个步骤：服务器端监听、客户端请求、连接确认。

① 服务器端监听：服务器端 Socket 并不定位具体的客户端 Socket，而是处于等待连接的状态，实时监控网络状态，等待客户端的连接请求。

② 客户端请求：客户端的 Socket 提出连接请求，要连接的目标是服务器端的 Socket。为此，客户端的 Socket 必须先描述它要连接的服务器端的 Socket，指出服务器端 Socket 的地址和端口号，再向服务器端 Socket 提出连接请求。

③ 连接确认：当服务器端 Socket 监听到或者接收到客户端 Socket 的连接请求时，就响应客户端 Socket 的请求，建立一个新的线程，把服务器端 Socket 的描述发给客户端，一旦客户端确认了此描述，双方就正式建立连接。而服务器端 Socket 继续处于监听状态，继续接收其他客户端 Socket 的连接请求。

一旦建立连接，客户端和服务器端就可以通过流来进行数据的交互，非常方便，但这种方式往往需要打开服务器端的特定端口，且需要自定义通信协议。考虑到广域网的安全性和方便性，Android 的网络开发中较少采用这种通信方式，所以本书中的网络编程采用了基于 HTTP 的方式。

超文本传输协议（HyperText Transfer Protocol，HTTP）是互联网中应用最为广泛的一种网络协议，几乎所有的 Web 应用都遵循 HTTP。HTTP 由请求和响应构成，是一个标准的客户端/服务器端模型，也就是说，当需要数据的时候，客户端向服务器端发送一条请求，服务器端收到请求后返回相应的数据，如图 6-2 所示。HTTP 的主要特点如下。

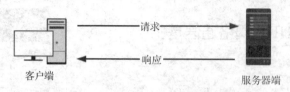

图 6-2　HTTP 的请求响应过程

① 简单快速：客户端向服务器端请求服务时，只需传送请求方法和路径。常用的请求方法有 get、post。每种方法规定的客户端与服务器端联系的类型不同。由于 HTTP 简单，使得 HTTP 服务器端的程序规模小，因而通信速度很快。

② 灵活：HTTP 允许传输任意类型的数据对象，正在传输的类型由 Content-Type 加以标记。

③ 无连接：最初的 HTTP 是只支持无连接的协议，即服务器端处理完客户端的请求，并收到客户端的应答后，就会断开连接。采用这种方式可以节省传输时间。但是当浏览器请求一个包含多张图片的 HTML 页面时，会增加通信量的开销。为了解决这个问题，HTTP 1.1 加入了持久连接方法，即只要任意一端没有明确提出断开连接，就保持 TCP 连接状态，请求首部字段中的 Connection: keep-alive，即表明使用了持久连接。

④ 无状态：HTTP 是一种不保存状态的协议，即 HTTP 不保存请求和响应之间的通信状态。所以，每当有新的请求发送时，就会有对应的新的响应产生。这样做的好处是能够更快地处理大量事务，确保协议的可伸缩性。

从 Android 6.0 开始，官方建议使用 HttpURLConnection 类进行基于 HTTP 的网络访问操作。HttpURLConnection 是基于 HTTP 的，支持 get、post、put、delete 等各种请求方式。

基于 HTTP 的网络通信的具体步骤如下。

① 根据 URL 创建 HttpURLConnection 对象，用于发送请求到某个应用服务器中。

```
HttpURLConnection urlConn = (HttpURLConnection) newURL(
                    "https://www.baidu.com").openConnection();
```

② 设置标志。

```
//在 post 的情况下，需要将 DoOutput 设置为 true
urlConn.setDoOutput(true);
urlConn.setDoInput(true);
urlConn.setRequestMethod("POST");
//设置是否使用缓存
urlConn.setUseCache(false);
//设置 Content-type 获得输出流，便于向服务器发送信息
urlConn.setRequestProperty("Content-type","application/x-www-form-urlencoded");
```

③ 向流中写请求参数。

```
DataOutputStream dos = new DataOutputStream(urlConn.getOutputStream());
dos.writeBytes("name="+URLEncoder.encode("chenmouren","gb2312");
dos.flush();
```

```
//发送完毕后立即关闭
dos.close();
```

④ 获得输入流，读取服务器响应数据。

```
int responseCode = connection.getResponseCode();
if(responseCode == HttpURLConnection.HTTP_OK){
    InputStream is = connection.getInputStream();
    ByteArrayOutputStream baos=new ByteArrayOutputStream();
    int n=0;
    byte[] buf=new byte[1024];
    while((n=is.read(buf))!=-1){
        baos.write(buf,0,n);
    }
    String str= baos.toString("UTF-8");
    Log.i("Test",str);
}
```

⑤ 读取完毕后关闭连接。

```
urlConn.disconnect();
```

（2）多线程及 Handler。

在 Android 中，通常将线程分为两种：一种称为 Main Thread，另一种称为 Worker Thread。当一个应用程序运行的时候，Android 操作系统会为该应用程序启动一个线程，这个线程就是 Main Thread，它主要用于加载 UI，完成系统和用户之间的交互，并将交互后的结果展示给用户，所以 Main Thread 又被称为 UI Thread。但当用户的应用程序需要完成一个耗时操作的时候，如访问网络或进行比较耗时的运算，如果放在 UI Thread 中，就会造成 UI Thread 阻塞，应用程序将不响应用户的操作，导致应用程序无回应（Application Not Responding，NAR）错误，应用程序随之崩溃。

因此，在 Android 中，当需要访问网络时，必须启动一个 Worker Thread。同时，Android UI 控件是线程不安全的，不允许在 UI Thread 之外的线程中对 UI 控件进行操作。所以，在 Android 的多线程编程中，有两条非常重要的原则必须遵守。

① 绝对不能在 UI Thread 中进行耗时的操作，不能阻塞 UI Thread。

② 不能在 UI Thread 之外的线程中操作 UI 控件。

常用的解决方案有两种：一种是使用"Handler +多线程"方式；另一种则是使用现成的框架，如 Volley。本任务中，将采用"Handler+多线程"方式。

3. 任务实施

（1）本章学习 HTTP 网络通信的相关知识，需要搭建服务器端。请从人邮教育社区的本书详情页中下载并解压服务器端项目 SoccerApp.rar，这里解压到磁盘 D 中，打开"Internet Information Services(IIS)管理器"

第 6 章任务 1 操作-1

窗口，如图 6-3 所示。注意，本项目要求服务器端安装 IIS 和.NET Framework 4.5。

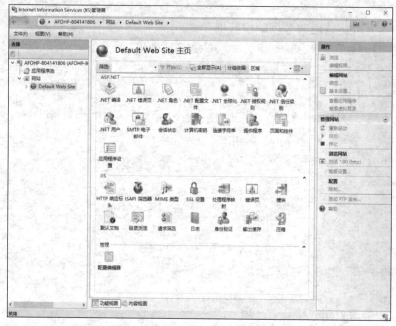

图 6-3 "Internet Information Services(IIS)管理器"窗口

（2）停用默认网站，右键单击"网站"节点，在弹出的快捷菜单中选择"添加网站"选项，如图 6-4 所示。

（3）打开"添加网站"对话框，设置相关信息，如图 6-5 所示。单击"确定"按钮，完成新网站的设置。

图 6-4 选择"添加网站"选项

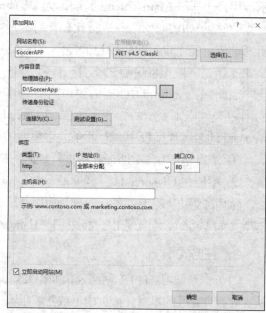

图 6-5 "添加网站"对话框

（4）此时会打开确认对话框，如图 6-6 所示，单击"是"按钮即可。操作完成后的效果如图 6-7 所示。

图 6-6　确认对话框

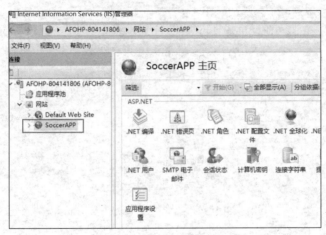

图 6-7　操作完成后的效果

（5）打开浏览器，在地址栏中输入网址 http://10.1.102.44/SoccerDataHandler.ashx?action= getTeamStr，按 Enter 键，测试服务器端是否能正常工作，正常情况如图 6-8 所示。10.1.102.44 为本书发布网站的主机 IP 地址。注意，如果服务器端为本机，要使用当前机器的 IP 地址，不能使用 localhost 和 127.0.0.1，因为在模拟器中，localhost 和 127.0.0.1 指的是模拟器本身。

图 6-8　服务器端正常工作

（6）打开 Android Studio，新建项目 HttpTest，打开 activity_main.xml 文件，切换到 Design 模式，拖曳 ListView 控件到界面中，设置相关约束及 id 为 lvCountry。

（7）访问服务器端，将获取的球队名称字符串用 ListView 显示。首先，新建内部类 GetStrData，实现 Runnable 接口，重写 run() 方法，在该方法中实现对服务器端数据的访问，代码如下。

第 6 章任务 1 操作-2

```
class GetStrData implements Runnable{
    private String urlstr;
```

```
        public GetStrData(String urlstr) {
            this.urlstr = urlstr;
        }


        @Override
        public void run() {
            try {
                HttpURLConnection con=
                        (HttpURLConnection) new URL(urlstr).openConnection();
                int code=con.getResponseCode();
                if(code==HttpURLConnection.HTTP_OK){
                    InputStream is=con.getInputStream();
                    ByteArrayOutputStream baos=new ByteArrayOutputStream();
                    int n=0;
                    byte[] buf=new byte[1024];
                    while((n=is.read(buf))!=-1){
                        baos.write(buf,0,n);
                    }
                    String str= baos.toString("UTF-8");
                    Log.i("Test",str);
                }
            } catch (IOException  e) {
                e.printStackTrace();
            }
        }
    }
```

（8）在 MainActivity.java 文件中添加成员变量，在 onCreate()方法中实现对 ListView 的配置，代码如下。

```
public class MainActivity extends AppCompatActivity {
    private ListView lvCountry;
    private ArrayAdapter<String> adapter;
    private List<String> data;

    @Override
    protected void onCreate(Bundle savedInstanceState) {
        super.onCreate(savedInstanceState);
```

```
        setContentView(R.layout.activity_main);
        lvCountry = findViewById(R.id.lvCountry);
        data = new ArrayList<String>();
        adapter=new ArrayAdapter<String>(this,
                 R.layout.support_simple_spinner_dropdown_item,data);
        lvCountry.setAdapter(adapter);
        Thread wt = new Thread(new GetStrData(
         "http://10.1.102.44/SoccerDataHandler.ashx?action=getTeamStr"));
        wt.start();
    }
}
```

（9）此时线程里获取的数据还没有设置到 ListView 中，这里需要使用 Handler 将从线程中获得的数据显示到界面上。首先定义成员变量 handler，然后在 onCreate()方法中重写 handleMessage()方法，用以显示线程中传递的信息，最后，在线程中 run()方法的结尾添加信息的传递，代码如以下粗体部分所示。

```
public class MainActivity extends AppCompatActivity {
    //省略部分代码
    private static Handler handler;

    @Override
    protected void onCreate(Bundle savedInstanceState) {
        super.onCreate(savedInstanceState);
        setContentView(R.layout.activity_main);
        handler = new Handler(Looper.getMainLooper()) {
            @Override
            public void handleMessage(@NonNull Message msg) {
                String str = (String) msg.obj;
                data.clear();
                data.addAll(Arrays.asList(str.split(",")));
                adapter.notifyDataSetChanged();
            }
        };
        //省略部分代码
    }

    class GetStrData implements Runnable{
        //省略部分代码
```

```
        @Override
        public void run() {
            try {
                //省略部分代码
                    Message msg = new Message();
                    msg.obj = str;
                    handler.sendMessage(msg);
                }
            } catch (IOException  e) {
                e.printStackTrace();
            }
        }
    }
}
```

（10）切换到 AndroidManifest.xml 文件，在 manifest 节中配置网络访问权限，代码如下。

```
<uses-permission android:name="android.permission.INTERNET">
</uses-permission>
```

（11）运行程序，会发现程序出现错误信息，如下所示。

```
java.io.IOException: Cleartext HTTP traffic to **** not permitted
```

（12）因为在 Android 9 之后的版本，要求默认使用加密连接，也就是要使用 https 而不能使用 http。解决办法：可以将服务器端改为 https 形式，也可以更改 Android 应用程序的网络安全配置，允许 http 形式的连接。首先，在 res 文件夹下创建一个名为 xml 的文件夹，然后创建一个 network_security_config.xml 文件，代码如下。

```
<?xml version="1.0" encoding="utf-8"?>
<network-security-config>
    <base-config cleartextTrafficPermitted="true" />
</network-security-config>
```

（13）切换到 AndroidManifest.xml 文件，在 application 节中增加以下属性。

```
android:networkSecurityConfig="@xml/network_security_config"
```

（14）单击工具栏中的 ▶ 按钮，运行程序，运行效果如图 6-1 所示。

6.2　任务 2　使用 Volley 框架获取 JSON 数据以实现图文混排

1．任务简介

6.1 节演示了如何通过 HTTP 从服务器端获取简单的字符串信息，但有时需要获取的信息较为复杂，如获取一张表的数据。对于复杂数据的表示，常用的方式有 XML 和 JS 对象简谱（JavaScript Object Notation，JSON）。在本任务中，将利用 JSON 来传递数据，主要涉及 JSON 数据的解析、Volley 框架的使用等技术，实现效果如图 6-9 所示。

2. 相关知识

（1）JSON 概述。

JSON 是一种轻量级的数据交换格式。它基于 ECMAScript（欧洲计算机制造联合会制定的 JS 规范）的一个子集，采用完全独立于编程语言的文本格式来存储和表示数据。简洁和清晰的层次结构使得 JSON 成为理想的数据交换语言，广泛应用于服务器端与客户端的数据交互。

JSON 的基本语法规则比较简单，主要有以下几条。

① 数据在键值对中。

② 数据由逗号分隔。

③ 大括号用于保存对象。

④ 中括号用于保存数组。

图 6-9　实现效果

JSON 对象写在大括号中，一个对象可以包含多个键值对（key-value），key 和 value 间使用冒号分隔，各个 key-value 对间使用逗号分隔。其中，key 必须是字符串，value 可以是合法的 JSON 数据类型（字符串、数字、对象、数组、布尔或 null）。例如，{"name" : "张三"}。

JSON 数组写在中括号中。在 JSON 中，数组中的各元素必须是合法的 JSON 数据类型（字符串、数字、对象、数组、布尔或 null）。例如，["张三", "李四", "王五"]。在实际应用中，对于复杂的数据类型，还需要嵌套使用对象和数据。

（2）使用 Gson 解析 JSON 数据。

Google Gson 简称 Gson，是谷歌公司发布的一个开源 Java 库，主要用于将 Java 对象序列化为 JSON 字符串，或将 JSON 字符串反序列化为 Java 对象。针对这两个用途，Gson 提供了以下两个基础方法。

① toJson()方法：实现序列化操作，即将 Java 对象序列化为 JSON 字符串。数据通过服务器端发送给客户端时，需要将相应的数据对象序列化为 JSON 字符串，以便网络传输。

② fromJson()方法：实现反序列化操作，即将 JSON 字符串反序列化为 Java 对象。客户端收到服务器端发送过来的 JSON 字符串，需要将其反序列化为 Java 对象，以便在 Android 应用程序中使用。

下面通过一个简单的例子来展示如何使用 Gson 的序列化和反序列化操作。首先，打开 Android Studio，新建项目 Ex05_GsonTest，在布局文件 activity_main.xml 中添加两个 Button 控件和一个 TextView 控件。

其次，定义实体类 Student，代码如下。

```
public class Student {
    private String StuNum;
    private String StuName;
```

```
        private int StuAge;


    public Student(String stuNum, String stuName, int stuAge) {

        StuNum = stuNum;

        StuName = stuName;

        StuAge = stuAge;

    }



    //省略 getter 和 setter 方法

}
```

为了使用 Gson，需要将 Gson 引入项目中，打开 build.gradle 文件，找到 dependencies
节，输入代码 "implementation 'com.google.code.gson:gson:2.8.5'"，配置 Gson 环境，如
图 6-10 所示。单击图 6-10 中右上方的 Sync Now 超链接，Android Studio 会自动实现对
Gson 的引用。

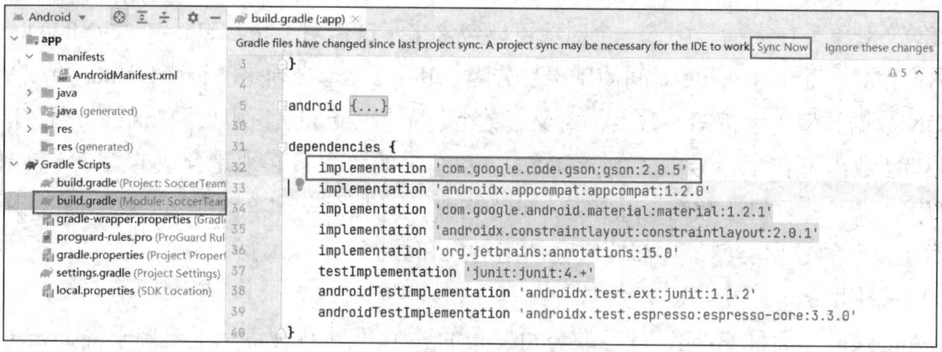

图 6-10　配置 Gson 环境

最后，打开 MainActivity.java 文件，实现序列化功能，即当用户点击"序列化"按钮
时，Gson 会将一个 Student 对象序列化为一个 JSON 字符串并输出到 TextView 中，代码
如下。

```
btnSerialize.setOnClickListener(new View.OnClickListener() {

    @Override

    public void onClick(View v) {

        Student student = new Student("18010001","张三",18);

        Gson gson = new Gson();

        tvInform.setText(gson.toJson(student));

    }

});
```

在 MainActivity.java 文件中实现反序列化功能，即当用户点击"反序列化"按钮时，
Gson 会将一个 JSON 字符串反序列化为 Student 对象，并将相关信息输出到 TextView 中，

代码如下。

```
btnDeserialize.setOnClickListener(new View.OnClickListener() {

    @Override

    public void onClick(View v) {

        String json="{\"StuName\":\"李四\",\"StuNum\":\"18010002\",
                                        \"StuAge\":17}";

        Gson gson=new Gson();

        Student student = gson.fromJson(json,Student.class);

        tvInform.setText("生成Student对象:"+ student.getStuName()+ "成功");

    }

});
```

（3）Volley 框架概述。

Volley 是一个可让 Android 应用程序更轻松、更快捷地联网的 HTTP 库，特别适用于小量的、频繁的网络数据请求，但不适用于下载大量内容的操作或流式传输操作，对于下载大量内容的操作，可考虑使用 DownloadManager 等替代方法。Volley 具有以下突出优点。

① 自动网络请求调度，支持多个并发网络连接。

② 透明磁盘和具有标准 HTTP 缓存一致性的内存响应缓存。

③ 支持请求优先级，取消请求 API 等。

④ 强大的排序功能，让开发者可以轻松使用从网络中异步提取的数据正确填充界面。

Volley 是第三方的框架，在使用它之前，需要将其引入工程中。打开 build.gradle 文件，输入引用 Volley 框架的代码，如图 6-11 所示，然后单击右上方的 Sync Now 超链接，Android Studio 会自动实现对 Volley 的引用。

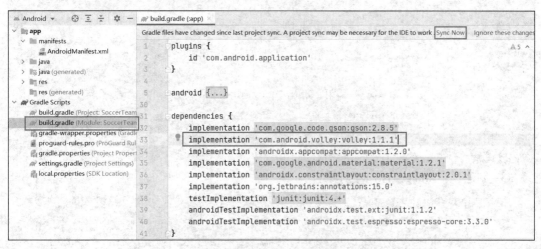

图 6-11　引入 Volley 框架

实现一个最基本的 HTTP 发送与响应的功能，主要包括以下 3 步操作。

① 创建一个 RequestQueue 对象。

```
RequestQueue mQueue = Volley.newRequestQueue(context);
```

② 创建一个 StringRequest 对象。

```
StringRequest stringRequest = new StringRequest("http://www.szpt.edu.cn",
                new Response.Listener<String>() {
                    @Override
                    public void onResponse(String response) {
                        Log.d("TAG", response);
                    }
                }, new Response.ErrorListener() {
                    @Override
                    public void onErrorResponse(VolleyError error) {
                        Log.e("TAG", error.getMessage(), error);
                    }
                });
```

③ 将 StringRequest 对象添加到 RequestQueue 里面。

```
mQueue.add(stringRequest);
```

对图片的获取可以使用 ImageRequest，其用法与 StringRequest 类似。当然 Volley 还提供了 ImageLoader，用于更方便地加载网络图片，具体用法如下。

① 创建一个 RequestQueue 对象。

```
RequestQueue mQueue = Volley.newRequestQueue(context);
```

② 创建一个 ImageLoader 对象。

```
ImageLoader imageLoader = new ImageLoader(mQueue, new ImageCache() {
        @Override
        public void putBitmap(String url, Bitmap bitmap) {
        }
        @Override
        public Bitmap getBitmap(String url) {
            return null;
        }
});
```

③ 创建一个 ImageListener 对象。

```
ImageListener listener = new ImageLoader.ImageListener() {
        @Override
        public void onResponse(ImageLoader.ImageContainer response,
                                        boolean isImmediate) {
            imageView.setImageBitmap(response.getBitmap());
```

```
        }

        @Override
        public void onErrorResponse(VolleyError error) {
            imageView.setImageResource(R.drawable. failed_image);
        }
    }
```

④ 调用 ImageLoader 的 get()方法加载网络上的图片。

```
imageLoader.get(imgUrl,listener);
```

3. 任务实施

（1）打开 Android Studio，新建项目 SoccerTeams，并引入 Gson 和 Volley 框架。然后打开布局文件 activity_main.xml，切换到 Design 模式，拖曳 RecyclerView 控件到界面中，将其命名为 rvCountry，并设置相应约束，使其占满整个屏幕空间。

第 6 章任务 2 操作

（2）根据图 6-9 所示的效果，将 logo.png、soccer.png 和 good1.png 图片复制到 res/drawable 目录中。在 res/layout 目录中，新建 RecyclerView 数据项的布局文件 item_team.xml，切换到 Design 模式，拖曳相应控件到界面中，并设置相关属性，效果及结构如图 6-12 所示。

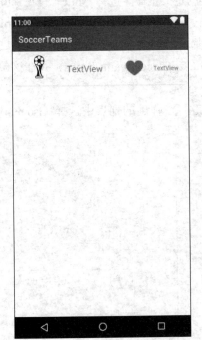

图 6-12　item_team.xml 文件的布局效果及结构

（3）打开浏览器，在地址栏中输入网址 http://10.1.102.44/SoccerDataHandler.ashx?action= getTeamWithFlagList，按 Enter 键，测试服务器端是否能正常工作，正常情况下，服务器端

会返回数据，如图 6-13 所示。

[{ "id":"1","country":"黑熊队","flag":"Bear.Jpg","groupnum":"1","votenum":"13"}, {
"id":"2","country":"仙鹤队","flag":"Crane.jpg","groupnum":"1","votenum":"9"}, {
"id":"3","country":"海豚队","flag":"Dolphin.jpg","groupnum":"1","votenum":"6"}, {
"id":"4","country":"老鹰队","flag":"Eagle.jpg","groupnum":"1","votenum":"4"}, {
"id":"5","country":"大象队","flag":"Elephant.jpg","groupnum":"1","votenum":"4"}, {
"id":"6","country":"北极狐队","flag":"Fox.jpg","groupnum":"1","votenum":"4"}, {
"id":"7","country":"长颈鹿队","flag":"Giraffe.jpg","groupnum":"1","votenum":"0"}, {
"id":"8","country":"雪豹队","flag":"Leopard.jpg","groupnum":"1","votenum":"7"}, {
"id":"9","country":"雄狮队","flag":"Lion.jpg","groupnum":"1","votenum":"9"}, {
"id":"10","country":"金丝猴队","flag":"Monkey.jpg","groupnum":"1","votenum":"0"}, {
"id":"11","country":"浣熊队","flag":"Raccoon.jpg","groupnum":"1","votenum":"0"}, {
"id":"12","country":"海豹队","flag":"Seal.jpg","groupnum":"1","votenum":"0"}, {
"id":"13","country":"海星队","flag":"Starfish.jpg","groupnum":"1","votenum":"0"}, {
"id":"14","country":"猛虎队","flag":"Tiger.jpg","groupnum":"1","votenum":"0"}, {
"id":"15","country":"巨鲸队","flag":"Whale.jpg","groupnum":"1","votenum":"0"}, {
"id":"16","country":"野狼队","flag":"Wolf.jpg","groupnum":"1","votenum":"0"}]

图 6-13　服务器端返回数据

（4）在本任务中，需要获取的服务器端数据是一个 JSON 格式的集合，因此，需要使用 Gson 和 Volley 框架。参照本任务相关知识（2）和（3）中的描述，引入 Gson 包和 Volley 框架。

（5）通过 Gson 进行反序列化操作。先根据返回数据定义相应的实体类，对于本任务，返回的 JSON 数据并不复杂，完全可以手动完成实体类的定义。但对于返回数据较为复杂的情况，手动定义实体类可能需要耗费大量的时间和精力，且容易出错。对于这种情况，可以引入 GsonFormat-Plus 插件来自动完成实体类的定义工作。选择"File"→"Settings"选项，打开 Settings 对话框，选择左侧的 Plugins 选项，在 Marketplace 中搜索 GsonFormat-Plus，单击"Install"按钮，等待安装完成，如图 6-14 所示。根据系统提示重启 Android Studio。

（6）为了方便维护和管理代码，新建包 cn.edu.szpt.soccerteams.beans，并在该包中新建实体类 TeamBean。

（7）打开 TeamBean 类，按 Alt+Insert 组合键，在弹出的列表中选择 GsonFormat-Plus 选项，如图 6-15 所示。

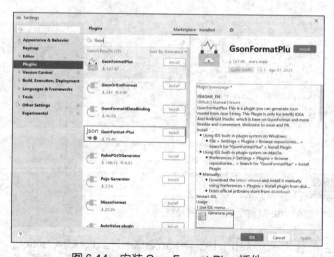

图 6-14　安装 GsonFormat-Plus 插件

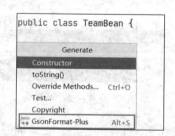

图 6-15　选择 GsonFormat-Plus 选项

（8）打开 Gsonformat-plus 窗口，将服务器端返回的 JSON 数据粘贴到文本框中，如图 6-16 所示。然后，单击"设置"按钮，打开"设置"窗口，根据图 6-17 所示进行设置。

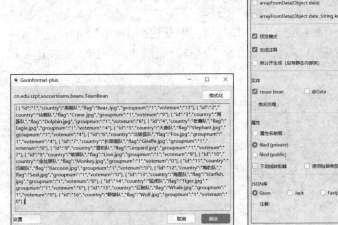

图 6-16　Gsonformat-plus 窗口　　　　　　图 6-17　"设置"窗口

（9）单击"确定"按钮，GsonFormat-Plus 将会自动提取 JSON 数据中的信息，如需变动，可直接在此处进行修改，如图 6-18 所示。

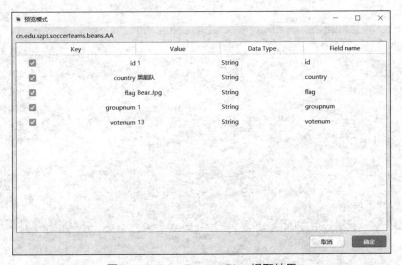

图 6-18　GsonFormat-Plus 提取结果

（10）修改完成后，单击"确定"按钮，GsonFormat 将会自动根据 JSON 数据生成实体类的定义，包含成员变量、getter、setter 方法和构造器方法。代码如下。

```
public class TeamBean {
    private String id;
    private String country;
```

```
        private String flag;
        private String groupnum;
        private String votenum;

        //省略相应的getter和setter方法，以及构造器方法代码
    }
```

（11）新建包 cn.edu.szpt.soccerteams.adapters，并在该包中新建类 TeamAdapter，其继承自 RecyclerView.Adapter<TeamAdapter.ViewHolder>类，参照前面章节的介绍，实现相关代码，如下所示。

```
public class TeamAdapter extends
                        RecyclerView.Adapter<TeamAdapter.ViewHolder> {
    private Context context;
    private List<TeamBean> data;

    public TeamAdapter(Context context, List<TeamBean> data) {
        this.context = context;
        this.data = data;
    }

    @Override
    public ViewHolder onCreateViewHolder(@NonNull @NotNull ViewGroup parent,
                                                int viewType) {
        View view = LayoutInflater.from(context).inflate(
                                R.layout.item_team,parent,false);
        ViewHolder viewHolder = new ViewHolder(view);
        return viewHolder;
    }

    @Override
    public void onBindViewHolder(TeamAdapter.ViewHolder holder,
                                            int position) {
        TeamBean bean = data.get(position);
        //缺少图片信息的设置
        holder.tvTeamName.setText(bean.getCountry());
        holder.tvSupportCount.setText(bean.getVotenum());
    }
```

```java
    @Override
    public int getItemCount() {
        return data.size();
    }


    public class ViewHolder extends RecyclerView.ViewHolder {
        private ImageView imgFlag;
        private TextView tvTeamName;
        private TextView tvSupportCount;

        public ViewHolder(@NonNull @NotNull View itemView) {
            super(itemView);
            imgFlag=itemView.findViewById(R.id.imgFlag);
            tvTeamName = itemView.findViewById(R.id.tvTeamName);
            tvSupportCount = itemView.findViewById(R.id.tvSupportCount);
        }
    }
}
```

（12）修改 MainActivity.java 文件中的代码，如下所示。

```java
public class MainActivity extends AppCompatActivity {
    private RecyclerView rvTeams;
    private RequestQueue queue ;
    private List<TeamBean> data;
    private TeamAdapter adapter;
    public static final String GETJSON_URL =
"http:// 10.1.102.44/SoccerDataHandler.ashx?action=getTeamWithFlagList";
    public static final String GETFLAG_URL="http:// 10.1.102.44/images/";

    @Override
    protected void onCreate(Bundle savedInstanceState) {
        super.onCreate(savedInstanceState);
        setContentView(R.layout.activity_main);
        rvTeams = findViewById(R.id.rvTeams);
        data = new ArrayList<TeamBean>();
        adapter = new TeamAdapter(this,data);
        rvTeams.setLayoutManager(new LinearLayoutManager(this));
        rvTeams.setAdapter(adapter);

        queue = Volley.newRequestQueue(this);
```

```
            StringRequest stringRequest = new StringRequest(GETJSON_URL,
                new Response.Listener<String>() {
                    @Override
                    public void onResponse(String response) {
                        List<TeamBean> jsonList= new Gson().fromJson(response,
                                new TypeToken<List<TeamBean>>(){}.getType());
                        data.clear();
                        data.addAll(jsonList);
                        adapter.notifyDataSetChanged();
                    }},
                new Response.ErrorListener() {
                    @Override
                    public void onErrorResponse(VolleyError error) {

                    }
                });
        queue.add(stringRequest);
    }
}
```

（13）参照 6.1 节"任务实施"中的步骤（10）、步骤（12）、步骤（13），给应用程序添加网络访问权限并设置允许 http 形式的连接，然后运行程序，没有图片的显示效果如图 6-19 所示。

图 6-19　没有图片的显示效果

（14）此时各队的队旗并没有显示出来，因为在服务器端返回的 JSON 数据中，队旗的数据是图片的名称，无法直接在 ImageView 中显示，需要在填充每一行数据时再访问服务器端，根据服务器端的路径和图片名称来获取网络中的图片。

（15）打开 TeamAdapter 类，添加成员变量 queue，并在构造器方法中实例化，如以下粗体代码所示。

```
public class TeamAdapter extends RecyclerView.Adapter<TeamAdapter.ViewHolder> {
    private Context context;
    private List<TeamBean> data;
    private RequestQueue queue;

    public TeamAdapter(Context context, List<TeamBean> data) {
        this.context = context;
        this.data = data;
        queue = Volley.newRequestQueue(context);
    }
}
```

（16）在 TeamAdapter 类中找到 onBindViewHolder()方法，在末尾添加如下代码，使用 ImageLoader 获取图片并显示。

```
ImageLoader imageLoader = new ImageLoader(queue,
    new ImageLoader.ImageCache() {
        @Override
        public Bitmap getBitmap(String url) {
            return null;
        }

        @Override
        public void putBitmap(String url, Bitmap bitmap) {

        }
    });

    imageLoader.get(MainActivity.GETFLAG_URL + bean.getFlag(),
  new ImageLoader.ImageListener() {
        @Override
        public void onResponse(ImageLoader.ImageContainer response,
                                                    boolean isImmediate) {
            holder.imgFlag.setImageBitmap(response.getBitmap());
```

```
        }

        @Override
        public void onErrorResponse(VolleyError error) {
            holder.imgFlag.setImageResource(R.drawable.soccer);
        }
    });
```

（17）单击工具栏中的 ▶ 按钮，运行程序，运行效果如图 6-9 所示。

6.3 任务 3 使用 LruCache+Volley 实现图片缓存及代码优化

1．任务简介

6.2 节演示了 Android 客户端如何利用 Gson 和 Volley 框架来处理复杂的 JSON 数据，实现了网络图片的获取和加载，但主要着眼于功能实现，对代码的优化不够。在应用程序中，我们在多处都需要访问网络，每个地方都创建了一个 RequestQueue 对象，按照官方的建议，可以设置一个包含 RequestQueue 和其他 Volley 功能的单例模式类，用以提升效能。此处，我们在使用 ImageLoader 加载网络图片时，设置了一个空操作的图片缓存匿名对象，我们可以尝试添加内存缓存来提升用户体验。本任务将完成以上两处改进。

2．相关知识

（1）单例模式。

单例模式（Singleton Pattern）是 Java 中最简单的设计模式之一。这种类型的设计模式属于创建型模式，它提供了一种创建对象的最佳方式。

这种模式涉及一个单一的类，该类负责创建自己的对象，同时确保只有单个对象被创建。这个类提供了一种访问其唯一的对象的方式，可以直接访问，不需要实例化该类的对象。以下代码展示了一个简单的单例类的定义。

```
public class SingleObject {

    //创建 SingleObject 的一个对象
    private static SingleObject instance = new SingleObject();

    //声明构造函数为 private，这样该类就不会被实例化
    private SingleObject(){}

    //获取唯一可用的对象
    public static SingleObject getInstance(){
        return instance;
```

```
    }

    public void showMessage(){
        System.out.println("Hello World!");
    }
}
```

如果应用程序需要在多处访问网络，官方建议设置一个包含 RequestQueue 和其他 Volley 功能的单例模式类。参考代码如下。

```
public class MySingleton {
    private static MySingleton instance;
    private RequestQueue requestQueue;
    private ImageLoader imageLoader;
    private static Context ctx;

    private MySingleton(Context context) {
        ctx = context;
        requestQueue = getRequestQueue();

        imageLoader = new ImageLoader(requestQueue,
                new ImageLoader.ImageCache() {
                    @Override
                    public Bitmap getBitmap(String url) {
                        return null;
                    }

                    @Override
                    public void putBitmap(String url, Bitmap bitmap) {

                    }
                });
    }

    public static synchronized MySingleton getInstance(Context context) {
        if (instance == null) {
            instance = new MySingleton(context);
        }
        return instance;
```

```
    }

  public RequestQueue getRequestQueue() {
      if (requestQueue == null) {
        requestQueue = Volley.newRequestQueue(ctx.getApplicationContext());
          }
          return requestQueue;
    }

  public <T> void addToRequestQueue(Request<T> req) {
      getRequestQueue().add(req);
  }


  public ImageLoader getImageLoader() {
      return imageLoader;
  }
}
```

（2）图片缓存。

当用户来回滑动 RecyclerView 时，会发现程序会重复下载和显示图片，这样既影响显示速度，又浪费用户的流量。那么对于这些已下载的图片，能不能把它保存在本地，下次使用时直接从本地读取呢？能，这就要用到图片缓存的思想。主要有两种级别的图片缓存：一种是基于内存的，另一种是基于外部存储空间的。

基于内存的图片缓存，就是将图片缓存在内存中，这种方式的突出优点就是访问速度快，但是因为内存是有限的，而图片往往数量众多，如果不加限制，则会很容易引发 OOM 异常。LruCache（LRU 指近期最少使用算法）是官方提供的工具类，用于作为实现内存缓存技术的解决方案。这个类非常适合缓存图片，它的主要算法原理是把最近使用的对象用强引用存储在 LinkedHashMap 中，并且把最近最少使用的对象在缓存值达到预设定值之前从内存中移除。基于内存的图片缓存流程图如图 6-20 所示。

其主要操作如下。

① 创建缓存，通过构造器方法创建新的缓存实例，这里需要设置其大小，并重写 sizeOf() 方法。创建时设置的大小需要特别注意，设置得过小，会频繁地释放缓存中的图片，不但没有提升用户体验的效果，反而会增加系统的开销；设置得过大，又会影响系统的稳定，且容易造成 OOM 异常。通常建议将其设置为系统最大存储空间的 1/8。

```
int maxMemory = (int) (Runtime.getRuntime().totalMemory());


//使用最大可用内存值的 1/8 作为缓存的大小
int cacheSize = maxMemory/8;
```

```
cache = new LruCache<String,Bitmap>(cacheSize) {
        protected int sizeOf(String key, Bitmap value) {
            return value.getByteCount();
        }
    }
```

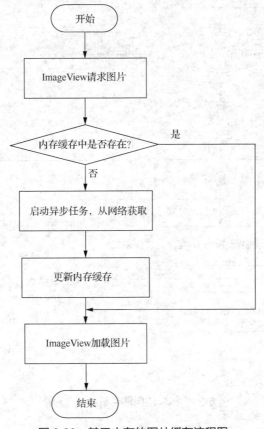

图 6-20　基于内存的图片缓存流程图

② 将图片存入缓存，通过调用 put()方法可以在集合中添加元素，并调用 trimToSize()方法判断缓存是否已满，如果满了就用 LinkedHashMap 的迭代器删除队首的元素，即近期最少访问的元素。

③ 从缓存中获取图片，通过调用 get()方法获得对应的集合元素，同时会更新该元素到队尾。

基于外部存储空间的图片缓存，就是将图片存放到外部存储空间中，下次使用时直接从本地访问，以提升用户体验。基于外部存储空间的图片缓存与基于内存的图片缓存相比，虽然速度慢一些，但是由于在外部存储空间中实现了图片的持久化，因此图片可以在程序下次运行时依然存在，避免了内存缓存需要重新访问网络的问题，同时缓存的大小可以较为充裕。

在实际应用中，为了节省用户流量，提高图片加载效率，往往会将两种缓存综合起来使用，以减少不必要的网络交互，避免浪费流量。综合使用图片缓存的流程图如图 6-21 所示。

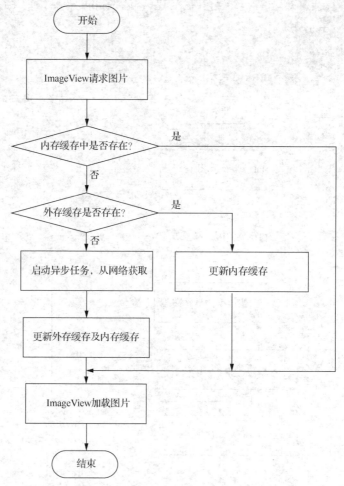

图 6-21　综合使用图片缓存的流程图

3. 任务实施

第 6 章任务 3 操作

（1）新建包 cn.edu.szpt.soccerteams.volleyutil，在其中新建包含 Request-Queue 和 Volley 功能的一个单例模式类，将其命名为 MyVolleySingleton，实现单例模式 RequestQueue，代码如下。

```java
public class MyVolleySingleton {

    private static MyVolleySingleton instance;

    private RequestQueue requestQueue;

    private static Context ctx;


    private MyVolleySingleton(Context context) {
        ctx = context;
```

```
        requestQueue = getRequestQueue();
    }

    public static synchronized MyVolleySingleton getInstance(Context context) {
        if (instance == null) {
            instance = new MyVolleySingleton(context);
        }
        return instance;
    }

    public RequestQueue getRequestQueue() {
        if (requestQueue == null) {
            //注意这里需要使用 getApplicationContext()方法
            requestQueue = Volley.newRequestQueue(
                                        ctx.getApplicationContext());
        }
        return requestQueue;
    }

    public <T> void addToRequestQueue(Request<T> req) {
        getRequestQueue().add(req);
    }

}
```

（2）切换到 MainActivity.java 文件，注释掉成员变量 RequestQueue queue 以及 onCreate() 方法中实例化 queue 的语句，然后在该方法的末尾，将 stringRequest 对象添加到 MyVolley-Singleton 的 RequestQueue 对象中，如以下粗体代码所示。此时，项目中的 RequestQueue 将以单例模式工作。

```
public class MainActivity extends AppCompatActivity {
    private RecyclerView rvTeams;
//    private RequestQueue queue ;
    //以下省略成员变量的定义


    @Override
    protected void onCreate(Bundle savedInstanceState) {
        //省略部分代码
//        queue = Volley.newRequestQueue(this);
```

```
//省略 StringRequest stringRequest 的实例化语句

MyVolleySingleton.getInstance(this).addToRequestQueue(stringRequest);
    }
}
```

（3）运行程序，程序正常。打开 TeamAdapter.java 文件，这里需要用到 ImageLoader，为了方便，在 MyVolleySingleton 类中加入图片加载功能。在 MyVolleySingleton 类中添加一个 ImageLoader 类型的成员变量，并创建它的 getter 方法，代码如下。

```
private ImageLoader imageLoader;


public ImageLoader getImageLoader() {
    return imageLoader;
}
```

（4）在 MyVolleySingleton 类中的构造器方法末尾添加实例化 imageLoader 成员变量的代码，同时给其添加内存缓存功能，代码如下。

```
    //获取可用内存的最大值，使用内存超出这个值时会引起 OOM 异常
    int maxMemory = (int) (Runtime.getRuntime().totalMemory());
    //使用最大可用内存值的 1/8 作为缓存的大小
    int cacheSize = maxMemory/8;
    imageLoader = new ImageLoader(requestQueue,
        new ImageLoader.ImageCache() {
            private final LruCache<String, Bitmap>
                cache = new LruCache<String, Bitmap>(cacheSize){
            @Override
            protected int sizeOf(String key, Bitmap value) {
                return value.getRowBytes()*value.getHeight()/1024;
            }
        };

        @Override
        public Bitmap getBitmap(String url) {
            return cache.get(url);
        }

        @Override
        public void putBitmap(String url, Bitmap bitmap) {
            cache.put(url, bitmap);
```

```
                }
         });
```

（5）切换到 TeamAdapter.java 文件，使用 MyVolleySingleton 来实现同样的功能。因为将使用 MyVolleySingleton 中的 RequestQueue 对象，所以先将类中的成员变量 queue 注释掉，将构造器方法中的实例化 queue 对象的语句也注释掉，如以下粗体代码所示。

```
public class TeamAdapter extends
                         RecyclerView.Adapter<TeamAdapter.ViewHolder> {
    private Context context;
    private List<TeamBean> data;
//    private RequestQueue queue;


    public TeamAdapter(Context context, List<TeamBean> data) {
        this.context = context;
        this.data = data;
//        queue = Volley.newRequestQueue(context);
    }
//省略部分代码
}
```

（6）将 onBindViewHolder()方法中创建 imageLoader 对象的语句注释掉，改为从 MyVolleySingleton 对象中获取，如以下粗体代码所示。

```
public void onBindViewHolder(@NonNull @NotNull TeamAdapter.ViewHolder holder,
                                                   int position) {

  TeamBean bean = data.get(position);


//ImageLoader imageLoader = new ImageLoader(queue,new ImageLoader.ImageCache(){
//          @Override
//          public Bitmap getBitmap(String url) {
//             return null;
//          }
//
//          @Override
//          public void putBitmap(String url, Bitmap bitmap) {
//
//          }
//      });


ImageLoader imageLoader = MyVolleySingleton.getInstance(context)
```

```
                                                      .getImageLoader();
    //以下代码不变，此处省略
    }
```

（7）此时运行程序，上下滑动屏幕，只有第一次显示速度较慢，以后的显示都很流畅。说明基于内存的图片缓存策略发挥了作用。

6.4　任务 4　使用自定义 Request 实现为支持的球队投票功能

1. 任务简介

在本任务中，将实现为支持的球队投票的功能。当用户点击投票按钮时，Android 客户端向服务器端发送请求，服务器端判断该请求用户是否已登录，如为登录用户，则将投票信息记录到数据库中；否则跳转到登录界面，用户通过输入手机号和图形验证码来实现登录，如图 6-22 所示。

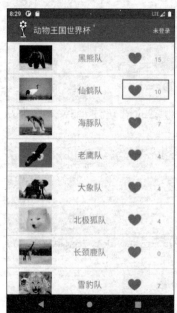

图 6-22　为支持的球队投票

为了实现图形验证码的验证及记录登录的用户信息，在服务器端需要使用 Session 保存相应信息，这就需要当 Android 客户端发送 HTTP 请求时，其与服务器端保持在同一个 Session 中通信。如何使 Android 客户端与服务器端保持同一个 Session，是本任务需要解决的问题。

2. 相关知识

（1）Session 机制。

HTTP 是一种无状态协议，即每次服务器端接收的客户端请求都是一个全新的请求，服务器端并不知道客户端的历史请求记录。而 Session 的主要作用就是弥补 HTTP 的无状态特性。

Session 是一种服务器端的机制，它使用一种类似于散列表的结构来保存信息。当程序需要为某个客户端的请求创建一个 Session 的时候，服务器端先检查来自这个客户端请求的头部是否包含 Session ID（Session 标识）。如果包含，则说明以前已经为该客户端创建过 Session，服务器端会直接检索该 Session；否则，服务器端会为该客户端创建一个新的 Session，并将相应的 Session ID 返回给客户端。B/S 架构的应用广泛地使用了 Session，如登录状态的保存、购物车信息的保存等。在浏览器中，客户端能够与服务器端自动实现在同一 Session 中的工作，但是 Android 客户端需要通过程序实现。

下面通过在浏览器中观察请求和响应的信息来展示 B/S 架构下 Session 的工作机制，进而得出 Android 客户端与服务器端之间实现在同一 Session 中工作的解决办法。

在 Chrome 浏览器中，按 F12 键，打开调试页面，在该页面中可以方便地查看 HTTP 的请求和响应内容。在地址栏中输入网址 http://10.1.102.44/SoccerDataHandler.ashx?action=getTeamStr，按 Enter 键。

运行后，因为没有在服务器端设置 Session，所以 Response Headers 中并没有 Session ID 的信息，如图 6-23 所示。

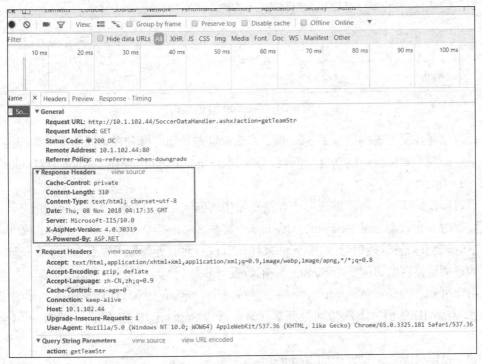

图 6-23　服务器端没有设置 Session 时

再在地址栏中输入网址 http://10.1.102.44/SoccerDataHandler.ashx?action=testSession，按 Enter 键。

由于在该请求的服务器端代码中设置了 Session，因此可以在调试页面中发现 Response

Headers 中的相应的 Session ID，如图 6-24 所示。其中，Session ID 的名称会随着服务器端开发环境的不同而不同，如在 ASP.NET 环境下，其通常为 ASP.NET_SessionId；而在 Java 环境下，其通常为 JSESSIONID。

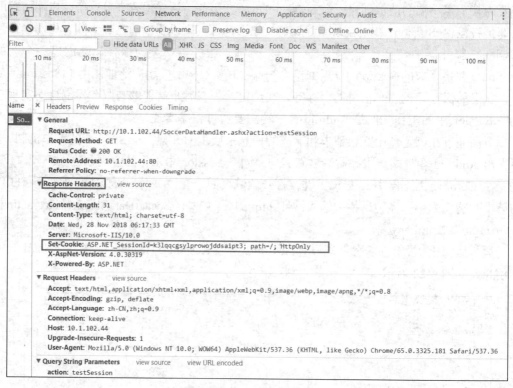

图 6-24　Session ID 的格式

此时已经在服务器端设置了 Session，那么浏览器是如何做到在不同的页面中都能访问这些信息的呢？如果继续刷新这个网页，会发现 Session ID 又出现在了 Request Headers 中，如图 6-25 所示。

通过前面的演示，可以发现，当在浏览器中访问网站时，浏览器在接收到服务器端的响应数据时，会自动记录 Response Headers 中有关 Session ID 的信息，下次向服务器端发送请求时，会自动将这些信息放在 Request Headers 中，而服务器端可以获取这个 Session ID，从而知道浏览器需要访问哪个 Session 中的数据。

由此可知，若要在 Android 客户端中保持一个 Session，只需在接收服务器端响应时，记录 Session ID 的值，下次访问服务器端时，将该 Session ID 的值写入 Request Headers 即可。

（2）自定义 Volley 框架中的 Request。

对 Volley 框架来说，大多数请求的工具箱中都有可供使用的实现方式，如 StringRequest、ImageRequest，但是如果需要实现诸如 Session 保持、以 post 方式回传参数这类功能，则需要使用自定义请求来实现。

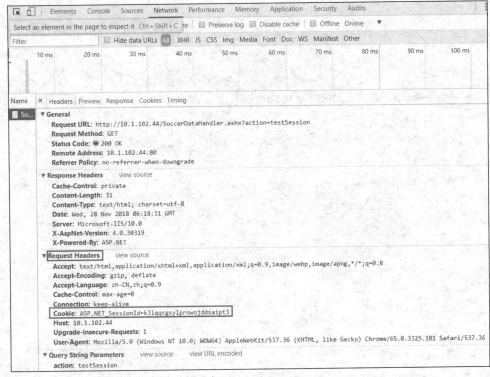

图 6-25　Session ID 出现在 Request Headers 中

　　保持 Session 主要包含两个操作：第一个是记录服务器端传送的 Session 信息，这里需要重写 parseNetworkResponse()方法；第二个是将记录下的 Session 信息添加到发送请求的 Header 中，这里需要重写 getHeaders()方法。

　　而对于向服务器端回传参数，则需要重写 getParams()方法。

　　主要步骤及代码如下。首先自定义请求类，根据获取信息的类型分别继承 Volley 框架工具箱中提供的现成类型，如 StringRequest、ImageRequest 等，然后重写相应方法。

```
//获取并记录 Session 信息，Constant.cookie 为定义的全局变量
@Override
    protected Response<String> parseNetworkResponse(
                                        NetworkResponse response) {
        Map<String, String> head = response.headers;
        String cookies = head.get("Set-Cookie");

        if (cookies != null) {
            String[] sessionId = cookies.split(";");
            while (sessionId[0].toLowerCase().indexOf("sessionid=") > -1) {
                Constant.cookie = sessionId[0];
                break;
            }
        }
```

```
        }
        return super.parseNetworkResponse(response);
    }


//向请求 Header 中添加记录的 Session 信息
@Override
    public Map<String, String> getHeaders() throws AuthFailureError {
        if (Constant.cookie != null && Constant.cookie.length() > 0) {
            HashMap<String, String> headers = new HashMap<String, String>();
            headers.put("cookie", Constant.cookie);
            return headers;
        } else {
            return super.getHeaders();
        }
    }
//设置回传的参数
@Override
    protected Map<String, String> getParams() throws AuthFailureError {
        Map<String,String> map = new HashMap<>();
        map.put("username","张三");
        return map;
    }
```

3. 任务实施

第6章任务4操作

先介绍一下本任务中要用到的几个服务器端的接口。

① 获取验证码：无输入参数，返回值为图片形式。接口为"http:// 10.1.102.44/ SoccerDataHandler.ashx?action=getVcode"。

② 登录请求：输入的参数为 username 和 vcode，以 post 方式提交，返回结果为 1 表示登录成功，返回结果为 300 表示验证码输入错误。接口为"http:// 10.1.102.44/SoccerDataHandler.ashx?action=login"。

③ 投票请求：输入的参数为 username 和球队 ID，以 post 方式提交，返回结果为支持的票数。接口为"http://10.1.102.44/SoccerDataHandler.ashx?action=vote"。

（1）打开 res/values 目录下的 themes.xml 文件，修改 style 中的 parent 属性，代码如下。

```
<style name="Theme.SoccerTeams"
    parent="Theme.MaterialComponents.DayNight.NoActionBar.Bridge">
```

（2）打开 SoccerTeams 项目，利用 ToolBar 控件修改主界面布局文件 activity_main.xml，主界面效果及结构如图 6-26 所示。

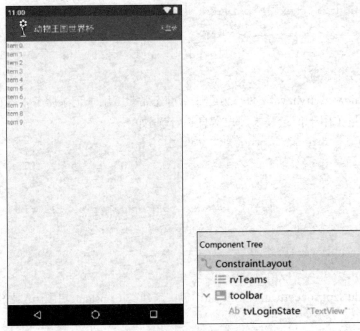

图 6-26　主界面效果及结构

ToolBar 部分的代码如下。

```xml
<androidx.appcompat.widget.Toolbar
    android:id="@+id/toolbar"
    android:layout_width="0dp"
    android:layout_height="wrap_content"
    app:logo="@drawable/logo"
    app:title="@string/title"
    app:titleTextColor="#FFF"
    android:background="?attr/colorPrimary"
    android:minHeight="?attr/actionBarSize"
    android:theme="?attr/actionBarTheme"

    app:layout_constraintEnd_toEndOf="parent"
    app:layout_constraintStart_toStartOf="parent"
    app:layout_constraintTop_toTopOf="parent" >

    <TextView
        android:id="@+id/tvLoginState"
        android:layout_width="wrap_content"
        android:layout_height="wrap_content"
        android:layout_gravity="end"
```

```
            android:text="TextView"

            android:textColor="#FFF"

            android:layout_marginEnd="24dp"></TextView>

    </androidx.appcompat.widget.Toolbar>
```

（3）打开 MainActivity.java 文件，新建 3 个静态常量（用于记录服务器端的请求信息），以及一个静态变量（用于记录登录用户信息），代码如下。

```
public static final  String GETVCODE_URL =
        "http://10.1.102.44/SoccerDataHandler.ashx?action=getVcode";
public static final  String LOGIN_URL =
        "http://10.1.102.44/SoccerDataHandler.ashx?action=login";
public static final  String VOTE_URL =
        "http://10.1.102.44/SoccerDataHandler.ashx?action=vote";
public static String Logined_User="未登录";
```

（4）在 cn.edu.szpt.soccerteams.volleyutil 包中新建类 Constant，用于记录 Session 信息，代码如下。

```
public class Constant {
    public static String cookie=null;

}
```

（5）新建 LoginActivity，并修改布局文件 activity_login.xml，登录界面的效果如图 6-27 所示。

图 6-27　登录界面的效果

（6）因为在获取验证码图片时，需要记录服务器端传送的 Session 信息，所以要使用自定义请求类。在 cn.edu.szpt.soccerteams.volleyutil 包中新建类 SessionKeepImageRequest，该类继承自 ImageRequest 类，相关代码如下。

```java
public class SessionKeepImageRequest extends ImageRequest {

    //省略默认生成的构造器方法


    //获取服务器端传送的Session信息
    @Override
    protected Response<Bitmap> parseNetworkResponse(
                                    NetworkResponse response) {
        Map<String, String> head = response.headers;
        String cookies = head.get("Set-Cookie");

        if (cookies != null) {
            String[] sessionId = cookies.split(";");
          for(int i=0;i<sessionId.length;i++)
              if(sessionId[i].toLowerCase().indexOf("sessionid=") > -1) {
                  Constant.cookie = sessionId[i];
                  break;
              }
        }
        return super.parseNetworkResponse(response);
    }


    //回传给服务器端时加上相应的Session信息
    @Override
    public Map<String, String> getHeaders() throws AuthFailureError {
        if (Constant.cookie != null && Constant.cookie.length() > 0) {
            HashMap<String, String> headers = new HashMap<String, String>();
            headers.put("cookie", Constant.cookie);
            return headers;
        } else {
            return super.getHeaders();
        }
    }
}
```

（7）在登录和投票时，不仅需要保持 Session，还需要以 post 方式传送参数给服务器端，所以也要使用自定义请求类。在 cn.edu.szpt.soccerteams.volleyutil 包中新建类 Session-AndParamsStringRequest，该类继承自 StringRequest 类，相关代码如下。

```java
public class SessionAndParamsStringRequest extends StringRequest {
    private Map<String,String> params;

    public SessionAndParamsStringRequest(String url,
                            Response.Listener<String> listener,
                            Response.ErrorListener errorListener,
                            Map<String, String> params) {
        super(Method.POST,url, listener, errorListener);
        this.params = params;
    }

    @Override
    protected Response<String> parseNetworkResponse(
                                NetworkResponse response) {
        Map<String, String> head = response.headers;
        String cookies = head.get("Set-Cookie");

        if (cookies != null) {
            String[] sessionId = cookies.split(";");
            for(int i=0;i<sessionId.length;i++)
                if(sessionId[i].toLowerCase().indexOf("sessionid=") > -1) {
                    Constant.cookie = sessionId[i];
                    break;
                }
        }
        return super.parseNetworkResponse(response);
    }

    @Override
    public Map<String, String> getHeaders() throws AuthFailureError {
        if (Constant.cookie != null && Constant.cookie.length() > 0) {
            HashMap<String, String> headers = new HashMap<String, String>();
            headers.put("cookie", Constant.cookie);
            return headers;
        } else {
```

```
            return super.getHeaders();
        }
    }


    @Override
    protected Map<String, String> getParams() throws AuthFailureError {
        return this.params;
    }

}
```

（8）打开 LoginActivity.java 文件，实现显示验证码图片及登录功能，代码如下。

```
public class LoginActivity extends AppCompatActivity {
    private EditText etPhone;
    private EditText etCode;
    private ImageView imgCode;
    private Button btnLogin;


    @Override
    protected void onCreate(Bundle savedInstanceState) {
        super.onCreate(savedInstanceState);
        setContentView(R.layout.activity_login);
        etPhone = findViewById(R.id.etPhone);
        etCode = findViewById(R.id.etCode);
        imgCode = findViewById(R.id.imgCode);
        btnLogin = findViewById(R.id.btnLogin);
        //生成请求，获取验证码图片并显示
        SessionKeepImageRequest request = new SessionKeepImageRequest(
            MainActivity.GETVCODE_URL,
          new Response.Listener<Bitmap>() {
              @Override
              public void onResponse(Bitmap response) {
                  imgCode.setImageBitmap(response);
              }
          }, 100, 50,
          ImageView.ScaleType.CENTER, Bitmap.Config.ALPHA_8,
          new Response.ErrorListener() {
              @Override
              public void onErrorResponse(VolleyError error) {
```

```
            }
        });
//将获取验证码图片请求加入 Volley 请求队列
MyVolleySingleton.getInstance(this).addToRequestQueue(request);

btnLogin.setOnClickListener(new View.OnClickListener() {
    @Override
    public void onClick(View v) {
        String phone = etCode.getText().toString();
        String code = etCode.getText().toString();
        HashMap<String,String> params = new HashMap<>();
        params.put("username",phone);
        params.put("vcode",code);
        //生成登录请求，并发送参数信息
        SessionAndParamsStringRequest stringRequest =
         new SessionAndParamsStringRequest(MainActivity.LOGIN_URL,
                new Response.Listener<String>() {
                    @Override
                    public void onResponse(String response) {
                        Log.i("Test",response);
                        switch (response){
                            case "1":
                                MainActivity.Logined_User = phone;
                                Intent intent = new Intent(
                                            LoginActivity.this,
                                            MainActivity.class);
                                startActivity(intent);
                                break;
                            case "300":
                                Toast.makeText(LoginActivity.this,
                                  "验证码错误",Toast.LENGTH_LONG).show();
                        }
                    }
                }, new Response.ErrorListener() {
            @Override
            public void onErrorResponse(VolleyError error) {
```

```
            }
        },params);
        //将登录请求加入 Volley 请求队列
        MyVolleySingleton.getInstance(LoginActivity.this)
                                .addToRequestQueue(stringRequest);
        }
    });
    }
}
```

（9）切换到 MainActivity.java 文件，实现登录状态显示功能。首先定义 TextView 类型的成员变量 tvLoginState，然后，在 onCreate()方法中找到 toolbar 中名为 tvLoginState 的 TextView 控件，给其赋值，相关代码如以下粗体部分所示。

```
public class MainActivity extends AppCompatActivity {
    //省略其他成员变量的声明
    private TextView tvLoginState;

    @Override
    protected void onCreate(Bundle savedInstanceState) {
        super.onCreate(savedInstanceState);
        setContentView(R.layout.activity_main);
        tvLoginState=findViewById(R.id.tvLoginState);
        tvLoginState.setText(Logined_User);
        //省略部分代码
    }
}
```

（10）在 TeamAdapter.java 文件中实现投票功能。首先在 ViewHolder 中添加一个 ImageView 成员变量，并赋值，然后在 onBindViewHolder()方法中为其添加点击事件处理代码，实现投票功能，代码如以下粗体部分所示。

```
@Override
public void onBindViewHolder(TeamAdapter.ViewHolder holder, int position){
    //省略部分代码
    holder.tvSupportCount.setText(bean.getVotenum());
    holder.imgGood.setOnClickListener(new View.OnClickListener() {
        @Override
        public void onClick(View v) {
            if(MainActivity.Logined_User=="未登录" || Constant.cookie==null) {
```

```
                    Intent intent = new Intent(context, LoginActivity.class);
                    context.startActivity(intent);
            }else {
                HashMap<String, String> params = new HashMap<>();
                params.put("username", MainActivity.Logined_User);
                params.put("id", bean.getId());
                SessionAndParamsStringRequest request =
                 new SessionAndParamsStringRequest(MainActivity.VOTE_URL,
                    new Response.Listener<String>() {
                        @Override
                        public void onResponse(String response) {
                            holder.tvSupportCount.setText(response);
                        }
                }, new Response.ErrorListener() {
                    @Override
                    public void onErrorResponse(VolleyError error) {
                    }}, params);
                MyVolleySingleton.getInstance(context).addToRequestQueue(
                                                            request);
            }
        }
    });
}


public class ViewHolder extends RecyclerView.ViewHolder {
    //省略部分代码
    private ImageView imgGood;

    public ViewHolder(@NonNull @NotNull View itemView) {
        super(itemView);
        //省略部分代码
        imgGood = itemView.findViewById(R.id.imgGood);
    }
}
```

（11）单击工具栏中的 ▶ 按钮，运行程序，运行效果如图 6-22 所示。

6.5　课后练习

（1）在 MainActivity 中添加选项菜单，如图 6-28 所示。

图 6-28　添加选项菜单

提示：在 ToolBar 中添加选项菜单，可通过直接设置 app:menu 属性的方式实现。

（2）选择"登录"选项，跳转到登录界面，实现登录功能，如图 6-29 所示。

图 6-29　实现登录功能

提示： 处理 ToolBar 中的选项菜单点击事件的方法为

```
toolbar.setOnMenuItemClickListener(listener)
```

（3）选择"注销"选项，注销登录，实现注销功能，如图 6-30 所示。

图 6-30　实现注销功能

提示： 注销用户时，无输入参数，返回值为 logout 时，表示注销成功；返回其他值时，表示注销用户失败。网址为"http://10.1.102.44/SoccerDataHandler.ashx?action=logout"。

6.6　小讨论

2013 年深圳大疆创新科技有限公司（简称"大疆创新"）推出世界首款航拍一体机，将无人机飞行控制系统、摄像系统、图像传输系统等模块整合到一个集中平台上，真正使无人机作为普通消费品进入千家万户，引发业界轰动。

此后，大疆创新通过不断进行技术研发，在陀螺稳定云台、飞行控制系统、航拍相机、图像传输技术等方面取得了全球同行"霸主"的地位，截至 2020 年，大疆实现营收 260 亿元，在全球无人机消费领域所占的份额超过 90%。

了解了大疆创新创始人的创业经历，谈一谈你的体会。如何理解"创新"在企业发展中起到的作用？

第 7 章 HMS 应用场景开发

本章概览

本章将讲解如何快速在应用程序中集成 HMS Core 的通用开放功能，主要包括账号服务、应用内支付服务、定位服务以及机器学习服务。注意，在学习本章前，大家需要自行注册成为华为开发者联盟的个人开发者，并通过实名认证。

知识图谱

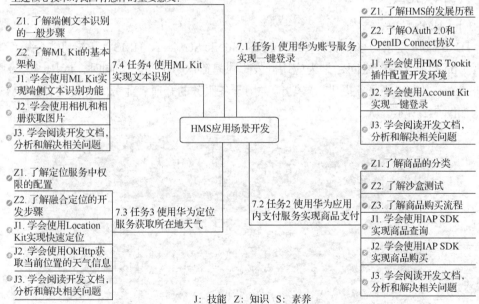

S. 操作系统及其应用生态是我国信息化领域的"卡脖子"技术之一，请同学们结合所学谈谈我国有哪些已经解决和亟待解决的核心技术短板？攻克上述核心技术对我国有怎样的重要意义？

Z1. 了解端侧文本识别的一般步骤
Z2. 了解 ML Kit 的基本架构
J1. 学会使用 ML Kit 实现端侧文本识别功能
J2. 学会使用相机和相册获取图片
J3. 学会阅读开发文档，分析和解决相关问题

7.4 任务 4 使用 ML Kit 实现文本识别

Z1. 了解 HMS 的发展历程
Z2. 了解 OAuth 2.0 和 OpenID Connect 协议
J1. 学会使用 HMS Tookit 插件配置开发环境
J2. 学会使用 Account Kit 实现一键登录
J3. 学会阅读开发文档，分析和解决相关问题

7.1 任务 1 使用华为账号服务实现一键登录

HMS 应用场景开发

Z1. 了解定位服务中权限的配置
Z2. 了解融合定位的开发步骤
J1. 学会使用 Location Kit 实现快速定位
J2. 学会使用 OkHttp 获取当前位置的天气信息
J3. 学会阅读开发文档，分析和解决相关问题

7.3 任务 3 使用华为定位服务获取所在地天气

7.2 任务 2 使用华为应用内支付服务实现商品支付

Z1. 了解商品的分类
Z2. 了解沙盒测试
Z3. 了解商品购买流程
J1. 学会使用 IAP SDK 实现商品查询
J2. 学会使用 IAP SDK 实现商品购买
J3. 学会阅读开发文档，分析和解决相关问题

J: 技能 Z: 知识 S: 素养

7.1 任务 1 使用华为账号服务实现一键登录

1. 任务简介

在本任务中，将介绍什么是 HMS Core、在应用程序中集成 HMS Core 功能的基本流程

和步骤，以及如何使用 HMS Core 应用服务中的华为账号服务实现一键登录功能，本任务实现的效果如图 7-1 所示。

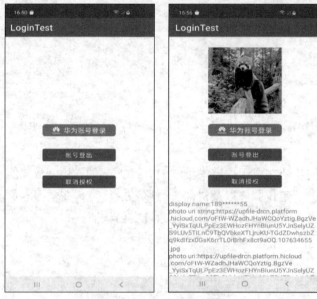

图 7-1　一键登录效果图

2．相关知识

（1）HMS Core。

HMS Core 是华为移动服务（HUAWEI Mobile Services，HMS）开放功能合集，位于开发者 App 与操作系统之间，是为应用开发提供基础服务的平台。同时，依托华为云服务，HMS Core 也为这些服务提供云端功能，用于各服务的开通、业务实现及运营，HMS Core 架构如图 7-2 所示。

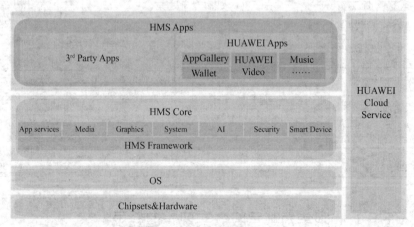

图 7-2　HMS Core 架构

HMS Core 为开发者提供了 7 个技术领域的功能，以帮助开发者构建差异化核心竞争力。

① 应用服务（App Services）：通用功能集合，包含华为账号服务、应用内支付服务、

定位服务、推送服务等。

② 媒体（Media）：提供音视频编解码、数字版权、摄影、图像编辑等影音像相关功能，包含视频服务、音频服务、数字版权服务等。

③ 图形（Graphics）：为开发者提供高性能低功耗的渲染引擎、游戏加速、图形计算、AR、VR 等相关功能，包含图形引擎服务、计算加速服务、AR Engine 等。

④ 系统（System）：提供如网络增强、近距离通信服务等系统基础功能。

⑤ 人工智能（AI）：高性能轻量化端测推理框架，可用于语言、语音、图像等领域，包含机器学习服务、HUAWEI HiAI Engine 等。

⑥ 安全（Security）：构建数据、设备等与安全的相关的功能，包含安全检测服务、数据安全服务等。

⑦ 智能终端（Smart Device）：提供多设备之间的设备管理、数据同步、功能增强等功能，包含畅连服务、投屏服务等。

本章将主要聚焦"1+X"移动应用开发职业技能等级证书（中级）的要求，通过 4 个任务介绍基于华为账号服务、华为应用内支付服务、华为定位服务和华为机器学习服务的相关应用开发的一般流程和注意事项。

（2）华为账号服务。

华为账号服务（HUAWEI Account Kit）提供了简单、安全的登录授权功能，方便用户快捷登录。如果在应用程序中集成了华为账号服务，则可以使用户不必输入账号、密码和进行烦琐的验证，直接通过"华为账号登录"实现快速登录，有效提升用户使用体验。

华为账号服务主要包含以下 3 个部件。

① HMS Core APK 中与 Account Kit 相关的部分：承载账号登录、授权等功能。

② Account SDK：用于封装 Account Kit 提供的功能，提供接口给开发者 App 使用。

③ 华为 OAuth Server：华为账号授权服务器，负责管理授权数据，为开发者提供授权和鉴权功能。

用户一键登录的交互过程如图 7-3 所示。

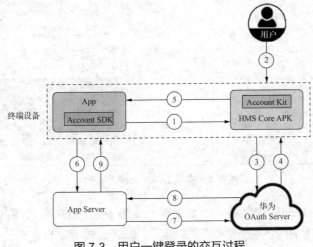

图 7-3　用户一键登录的交互过程

① App 调用 Account SDK 接口向 HMS Core APK 请求 Authorization Code、ID Token、头像和昵称等信息。

② HMS Core APK 展示华为账号的授权页面，请求获取用户授权。

③～⑤ HMS Core APK 向华为 OAuth Server 请求 Authorization Code 和 ID Token，并返回给 App。

⑥ App 将 Authorization Code 和 ID Token 传给 App Server，App Server 对 ID Token 进行验证。

⑦～⑧ App Server 将 Authorization Code 和 client_secret 传给华为 OAuth Server，获取 AccessToken 和 RefreshToken。

⑨ Access Token 或 ID Token 验证通过后，App Server 生成自己的 Token，并返回给 App，完成登录过程。

第 7 章任务 1 操作

3. 任务实施

（1）为了简化集成 HMS Core 的过程，需要先在 Android Studio 中安装 HMS Toolkit 插件。打开 Android Studio，选择"File"→"Settings"选项，打开 Settings 对话框，如图 7-4 所示。选择左侧的 Plugins 选项，在 Marketplace 中搜索 HMS Toolkit，然后单击 Install 按钮，安装完成后重启 Android Studio 即可。注意，目前该插件不支持在 Android Studio Arctic Fox 之后的版本上安装。

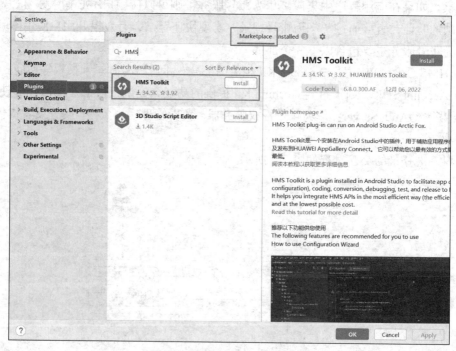

图 7-4　安装 HMS Toolkit 插件

（2）在 Android Studio 中创建一个新工程，命名为 LoginTest，并将包名设置为 cn.edu.szpt.libin.logintest，如图 7-5 所示。注意，此处的包名需要大家自定义，不能一样。

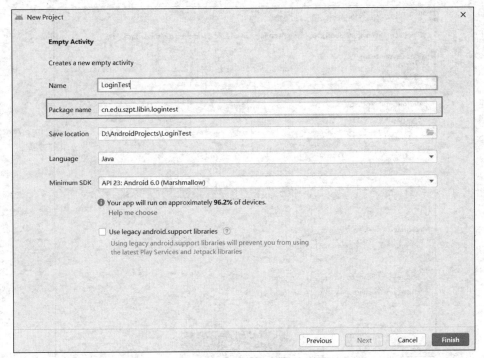

图 7-5　创建新工程

（3）在 Android Studio 中，选择"HMS"→"Configuration Wizard"选项，会自动打开华为账号登录页面，输入账号和密码，单击"登录"按钮，然后单击"确认"按钮，如图 7-6 所示。

图 7-6　登录华为账号

（4）回到 Android Studio，可以看到右侧的 Configuration Wizard 窗口，如图 7-7 所示。此时单击"Link"超链接，会在浏览器中打开 AppGallery Connect 页面，如图 7-8 所示。

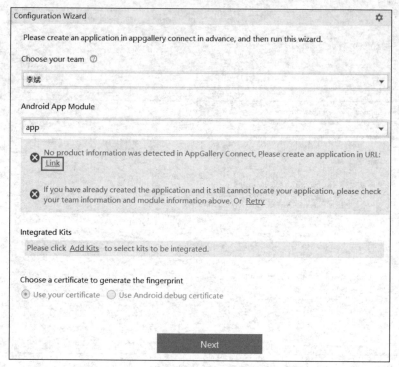

图 7-7　Configuration Wizard 窗口

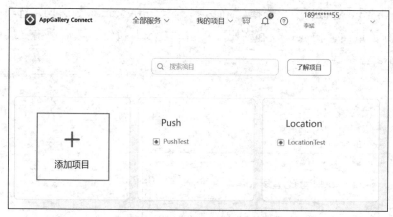

图 7-8　AppGallery Connect 页面

（5）单击"添加项目"，设置项目名称为 Account，如图 7-9 所示。

图 7-9　设置项目名称

（6）单击"创建并继续"按钮，这里只是演示集成华为账号服务的过程，为简化操作，选择关闭分析服务，如图 7-10 所示，单击"完成"按钮，完成项目创建。

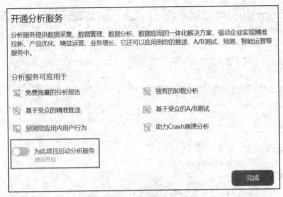

图 7-10　关闭分析服务

（7）在创建的项目中，单击"添加应用"按钮，如图 7-11 所示。然后在"添加应用"页面输入应用的信息，注意此处的"应用包名"必须与在 Android Studio 中创建的应用包名称一致，如图 7-12 所示，最后单击"确认"按钮，注意对于之后出现的页面，这里不需要理会，直接返回到 Android Studio 即可。

图 7-11　单击"添加应用"按钮

图 7-12　设置应用的信息

（8）回到 Android Studio 中右侧的 Configuration Wizard 窗口，单击"Retry"超链接，如图 7-13 所示。

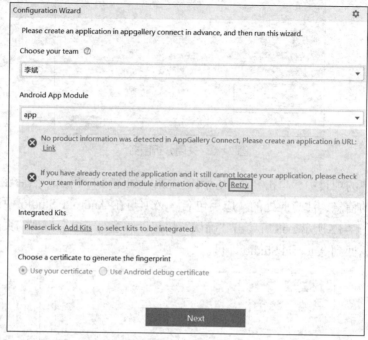

图 7-13　单击 Configuration Wizard 窗口中的"Retry"超链接

（9）此时显示"Application successfully located by AppGallery Connect."信息，然后单击"Add Kits"超链接，选择要集成的华为服务，如图 7-14 所示。在弹出的对话框中，勾选"Account Kit"复选框，如图 7-15 所示。最后单击"Confirm"按钮。

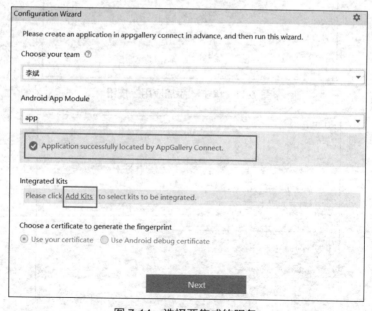

图 7-14　选择要集成的服务

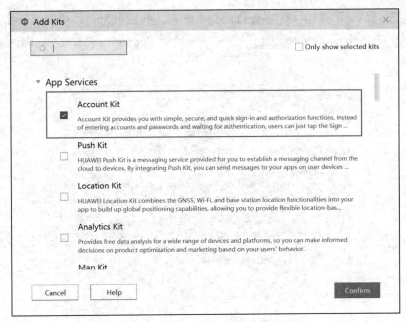

图 7-15 勾选 Account Kit 复选框

（10）可以看到项目集成了 Account Kit 服务，这里需要为项目提供一个签名证书指纹。为简化起见，选择 "Use Android debug certificate" 选项，然后单击 "Generate" 按钮，生成证书指纹，如图 7-16 所示。

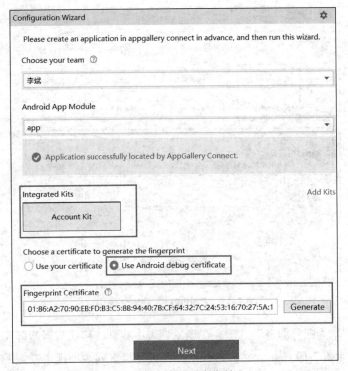

图 7-16 生成证书指纹

（11）单击"Next"按钮，程序会自动完成配置，并显示配置成功信息，如图 7-17 所示。然后单击"Go to coding assistant"按钮，跳转到 Coding Assistant（代码助手）窗口，如图 7-18 所示。

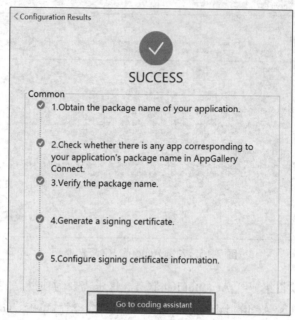

图 7-17　完成配置

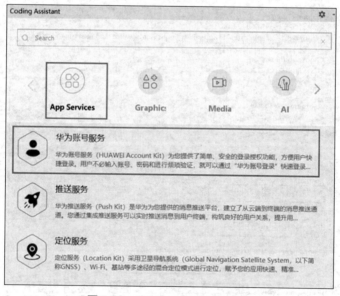

图 7-18　Coding Assistant 窗口

（12）选择"华为账号服务"选项，在场景列表中找到"移动与智慧屏应用快速接入华为账号"列表项，如图 7-19 所示。然后按住鼠标左键，将该列表项拖入左侧的代码区，此时会弹出"向应用程序添加依赖关系"对话框，如图 7-20 所示。单击"确定"按钮，完成依赖关系的设置，同时，代码助手还会在项目中自动生成一个样例，将其命名为 QuickStartActivity。

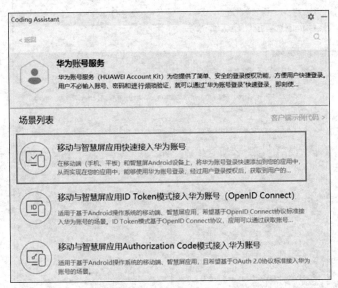

图 7-19　"移动与智慧屏应用快速接入华为账号"列表项

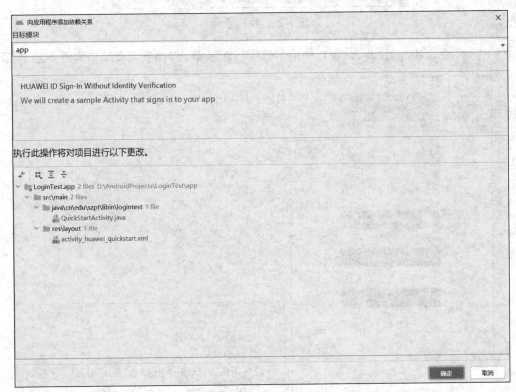

图 7-20　"向应用程序添加依赖关系"对话框

（13）单击右侧 Coding Assistant 窗口中的"移动与智慧屏应用快速接入华为账号"列表项，可以看到给出的代码示例，如图 7-21 所示。

图 7-21　代码示例

（14）参照 Coding Assistant 窗口中的步骤①搭建界面，界面效果及结构如图 7-22 所示。

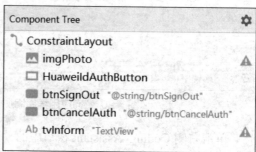

图 7-22　界面效果及结构

（15）复制 Coding Assistant 窗口中的步骤②的代码，粘贴到 MainActivity 类中，覆盖之前的代码，然后按 Alt+Enter 组合键引入对应的包。

（16）复制 Coding Assistant 窗口中的步骤③的代码，粘贴到 MainActivity 类中的空白处。

（17）阅读程序，找到 dealWithResultOf SignIn()方法，该方法用于执行登录成功后的操作，华为提供的代码是将返回的信息用 Logcat 显示出来，而本程序中，我们希望将这些信息显示在 TextView 控件的 tvInform 上，并使用 ImageView 控件显示用户头像，因此做了一些修改，修改后的代码如以下粗体部分所示。

```java
public class MainActivity extends AppCompatActivity {
    //省略部分代码
    private TextView tvInform;
    private ImageView imgPhoto;
    @Override
    protected void onCreate(Bundle savedInstanceState) {
        super.onCreate(savedInstanceState);
        // activity_main is the name of the custom layout file.
        setContentView(R.layout.activity_main);
        tvInform = findViewById(R.id.tvInform);
        imgPhoto = findViewById(R.id.imgPhoto);
        //省略部分代码
    }

    private void dealWithResultOfSignIn(AuthAccount authAccount) {
        tvInform.append("display name:" +authAccount.getDisplayName()+
                                                    "\n");
        tvInform.append("photo uri string:" +
                                authAccount.getAvatarUriString()+ "\n");
        tvInform.append("photo uri:" + authAccount.getAvatarUri()+ "\n");
        tvInform.append("email:" + authAccount.getEmail()+ "\n");
        tvInform.append("openid:" + authAccount.getOpenId()+ "\n");
        tvInform.append("unionid:" + authAccount.getUnionId()+ "\n");
    }
    //省略部分代码
}
```

（18）此时，登录用户的信息可以显示在 tvInform 中，但还不能显示用户头像，由于这里其实也返回了头像的 url，因此可以通过网络访问的方式获取头像图片。参照第 6 章的相关介绍，这里也使用 Volley 框架来获取网络图片，定义一个成员方法，实现获取指定路径下图片的功能，代码如下。

```
private void getHWIDPhoto(String photouri){
    RequestQueue queue= Volley.newRequestQueue(this);
    ImageRequest request = new ImageRequest(photouri, new
Response.Listener<Bitmap>() {
        @Override
        public void onResponse(Bitmap response) {
            imgPhoto.setImageBitmap(response);
        }
    }, 200, 200, ImageView.ScaleType.CENTER, Bitmap.Config.ALPHA_8,
        new Response.ErrorListener() {
            @Override
            public void onErrorResponse(VolleyError error) {

            }
        });
    queue.add(request);
}
```

（19）在 dealWithResultOfSignIn()方法的末尾，添加对 getHWIDPhoto()方法的调用，代码如以下粗体部分所示。

```
private void dealWithResultOfSignIn(AuthAccount authAccount) {
    //省略部分代码
        getHWIDPhoto(authAccount.getAvatarUriString());
}
```

（20）注意，这里运行程序时需要连接 Android 手机真机进行调试，不能使用 Android Studio 提供的模拟器。首先需要打开手机的开发者模式，并允许 USB 调试，然后通过 USB 线连接好手机，单击 Android Studio 工具栏中的 ▶ 按钮，测试华为账号登录功能，效果如图 7-1 所示。

（21）实现账号登出和取消授权功能。分别复制 Coding Assistant 窗口中步骤⑤和步骤⑦中的代码，粘贴到 MainActivity 类中的空白处。然后声明两个成员变量 btnSignOut 和 btnCancelAuth，并在 onCreate()方法末尾添加如下粗体代码。

```
public class MainActivity extends AppCompatActivity {
    //省略部分代码
    private Button btnSignOut;
    private Button btnCancelAuth;
    @Override
```

```
protected void onCreate(Bundle savedInstanceState) {
    //省略部分代码
    btnSignOut = findViewById(R.id.btnSignOut);
    btnCancelAuth = findViewById(R.id.btnCancelAuth);
    btnSignOut.setOnClickListener(new View.OnClickListener() {
        @Override
        public void onClick(View view) {
            signOut();
        }
    });
    btnCancelAuth.setOnClickListener(new View.OnClickListener() {
        @Override
        public void onClick(View view) {
            cancelAuthorization();
        }
    });
}

//省略部分代码
}
```

7.2 任务 2 使用华为应用内支付服务实现商品支付

1. 任务简介

在本任务中，将介绍什么是华为应用内支付服务，如何将华为应用内支付服务集成到应用程序中实现购买商品的功能，实现效果如图 7-23 所示。

2. 相关知识

华为应用内支付服务（In-App Purchases，IAP）提供了便捷的应用内支付体验和简便的接入流程。我们可以通过集成华为应用内支付 SDK，再调用 SDK 接口启动 IAP 收银台，实现商品的应用内支付。

主要应用的场景有两类，分别是购买华为商品管理系统（Product Management System，PMS）中托管的商品和购买非托管商品。考虑到适用面，本任务针对 PMS 托管商品来实现应用内支付功能。在 PMS 中，商品的类型包括消耗型、非消耗型和订阅型 3 种。

① 消耗型商品：使用一次后即消耗掉，随使用减少，需要再次购买的商品。例如游戏货币，游戏道具等。

图 7-23　应用内支付效果图

② 非消耗型商品：一次性购买，永久拥有，无消耗。例如游戏中额外的游戏关卡、应用程序中无时限的高级会员等。

③ 订阅型商品：用户购买后在一段时间内允许访问增值功能或内容，周期结束后自动购买下一期的服务。例如应用程序中有时限的高级会员，如视频月度会员。

商品的购买流程如下。

① 环境检测：判断用户当前登录的华为账号所在的服务地是否在华为 IAP 支持结算的国家/地区中。如果华为账号未登录，则拉起登录界面。

② 查询商品：获取指定类型商品的详细信息。

③ 发起购买：拉起支付界面，根据结果给出不同操作：如果成功，则进入发货步骤；如果失败或已拥有该商品，则进入补发货步骤，其他情况则提示对应信息。

④ 确认交易：判断订单是否已成功支付。

第 7 章任务 2 操作-1

3. 任务实施

（1）在 Android Studio 中创建一个新工程，将其命名为 PayTest，并将包名设置为 cn.edu.szpt.libin.paytest，注意此处的包名需要大家自行设置，不能一样。然后参照 7.1 节"任务实施"中的步骤（2）～（11），使用 Configuration Wizard 完成环境配置。只是在单击"Add Kits"超链接时选择"In-App Purchases"即可。

（2）单击"Next"按钮，程序会自动启动配置过程，此处显示 3 个步骤出现错误，如图 7-24 所示。

（3）针对每个出错的步骤，单击"Click to fix"超链接，可以跳转到相应的错误位置。第 1 个错误是因为我们没有在项目中设置数据处理位置，如图 7-25 所示，单击"启用"按钮，选择"中国"即可。然后单击"Retry"按钮，此时第 1 个和第 2 个错误均消失了，只剩下第 3 个错误，单击"Click to fix"超链接，提示"未设置 IAP"，单击"设置"超链接后进行设置即可，如图 7-26 所示。

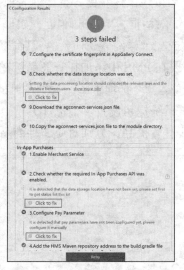

图 7-24　配置中出现错误的步骤

图 7-25　设置数据处理位置

图 7-26　设置 IAP

（4）配置成功后，单击"Go to coding assistant"按钮，跳转到 Coding Assistant 窗口。参照 7.1 节"任务实施"中的步骤（12），选择"应用内支付服务"选项，在场景列表中找到"消耗型商品"列表项，然后按住鼠标左键，将该列表项拖入左侧的代码区，此时会弹出"向应用程序添加依赖关系"对话框，单击"确定"按钮，完成依赖关系的设置。同时，代码助手还会在项目中自动生成一个样例 Activity，将其命名为 ConsumptionActivity。

（5）完成环境配置后，需要在 PMS 中添加托管商品。在 AppGallery Connect 中，找到我们创建的应用 PayTest，在"运营"选项卡中，找到左侧的菜单项"商品管理"。然后单击"添加商品"按钮，再按照系统提示设置"商品 ID""商品名称""价格""类型"，如图 7-27 所示。这里添加了 3 个托管商品，分别对应 3 种商品类型。

图 7-27 管理商品

（6）切换到布局文件 activity_main.xml 中，搭建商品展示及购买界面，布局界面及结构如图 7-28 所示。然后，为 RecyclerView 创建条目布局文件 item_product.xml，并搭建条目布局界面，如图 7-29 所示。

第 7 章任务 2 操作-2

图 7-28 activity_main.xml 布局界面及结构

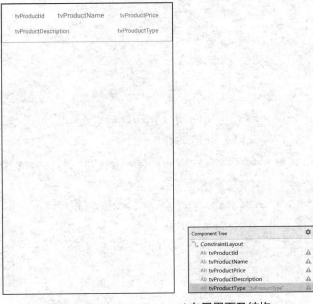

图 7-29　item_product.xml 布局界面及结构

（7）为了实现商品信息的展示，参考前面内容中有关 RecyclerView 控件的使用步骤。本来需要创建一个商品的实体类，用来描述商品信息，但由于华为已经提供了 ProductInfo 类，所以这里就不用再创建了，而是直接开始实现适配器。在项目中新建一个包，将其命名为 cn.edu.szpt.libin.paytest.adapters，在这个包下创建一个类，将其命名为 ProductAdapter，具体代码如下。

```
public class ProductAdapter
            extends RecyclerView.Adapter<ProductAdapter.ViewHolder>{
    private Context context;
    private List<ProductInfo> data;

    public ProductAdapter(Context context, List<ProductInfo> data) {
        this.context = context;
        this.data = data;
    }


    @Override
    public ViewHolder onCreateViewHolder(@NonNull ViewGroup parent,
                                                int viewType) {
        ViewHolder holder = null;
        View view = LayoutInflater.from(context).inflate(
                            R.layout.item_product,parent,false);
        holder = new ViewHolder(view);
```

```
        return holder;
    }


    @Override
    public void onBindViewHolder(@NonNull ViewHolder holder, int position) {
        ProductInfo bean = data.get(position);
        holder.tvProductID.setText(bean.getProductId());
        holder.tvProductName.setText(bean.getProductName());
        holder.tvProductPrice.setText(bean.getPrice());
        holder.tvProductDescription.setText(bean.getProductDesc());
        holder.tvProductType.setText(
                            getPriceTypeName(bean.getPriceType()));
    }


    @Override
    public int getItemCount() {
        return data.size();
    }


    private  String getPriceTypeName(int priceType){
        String str="消耗型";
        if(priceType==1){
            str = "非消耗型";
        }
        if(priceType==2){
            str="订阅型";
        }
        return str;
    }


    public class ViewHolder extends RecyclerView.ViewHolder {
        TextView tvProductID;
        TextView tvProductName;
        TextView tvProductPrice;
        TextView tvProductDescription;
        TextView tvProductType;


        public ViewHolder(@NonNull View itemView) {
```

```
        super(itemView);
        tvProductID = itemView.findViewById(R.id.tvProductId);
        tvProductName = itemView.findViewById(R.id.tvProductName);
        tvProductPrice = itemView.findViewById(R.id.tvProductPrice);
        tvProductDescription = itemView.findViewById(
                                        R.id.tvProductDescription);
        tvProductType = itemView.findViewById(R.id.tvProductType);
        }
    }
}
```

第 7 章任务 2 操作-3

（8）切换到 MainActivity 中，找到界面中的控件，完成对 RecyclerView 适配器的设置，相关代码如以下粗体部分所示。

```
public class MainActivity extends AppCompatActivity {
    private RecyclerView rvProduct;
    private ProductAdapter adapter;
    private List<ProductInfo> data;
    private Button btnQueryProduct;
    private RadioGroup rgProductType;

    @Override
    protected void onCreate(Bundle savedInstanceState) {
        super.onCreate(savedInstanceState);
        setContentView(R.layout.activity_main);
        btnQueryProduct = findViewById(R.id.btnQueryProduct);
        rgProductType = findViewById(R.id.rgProductType);
        rvProduct = findViewById(R.id.rvProducts);
        data = new ArrayList<>();
        adapter = new ProductAdapter(this,data);
        rvProduct.setLayoutManager(new LinearLayoutManager(this));
        rvProduct.setAdapter(adapter);
    }
}
```

（9）程序的基本框架搭建完成，下面使用 HMS 代码助手的功能，实现商品的查询和购买支付功能。选择 "HMS" → "Coding Assistant" 选项，打开 Coding Assistant 窗口，选择 "应用内服务" 选项，在场景列表中选择 "消耗型商品" 列表项，可以看到给出的代码示例，复制 Coding Assistant 窗口中步骤①中的代码（用于判断是否支持应用内支付），将其粘贴到 MainActivity 类中，然后按 Alt+Enter 组合键引入对应的包。但是这里只是实现了一个基本框架，对于环境检测成功或出现异常的情况，并没有给出具体的处理步骤。分析界面逻辑，当成功时，用户应该可以进一步查询商品，而不成功则不能查询。所以这里需要在界面初始化时，设置"查询商品信息"按钮为无效状态，然后根据环境检测结果动态更新该按钮的状态。对于检测不成功的情况，也要区分是不支持应用内支付还是没有登录。因此，我们需要查看更多信息，单击 Coding Assistant 窗口下方的"查看更多信息"超链接，如图 7-30 所示。在跳转到的界面中找到相关处理代码，对前面复制的代码框架进行补充修改，如以下粗体代码所示。

图 7-30　单击"查看更多信息"超链接

```java
private void queryIsReady(Activity activity) {
    Task<IsEnvReadyResult> task = Iap.getIapClient(activity).isEnvReady();
    task.addOnSuccessListener(new OnSuccessListener<IsEnvReadyResult>() {
        @Override
        public void onSuccess(IsEnvReadyResult result) {
            // Obtain the execution result.
            btnQueryProduct.setEnabled(true);
        }
    }).addOnFailureListener(new OnFailureListener() {
        @Override
        public void onFailure(Exception e) {
            // Handle the exception.
            if (e instanceof IapApiException) {
                IapApiException apiException = (IapApiException) e;
                Status status = apiException.getStatus();
                if (status.getStatusCode() ==
                                OrderStatusCode.ORDER_HWID_NOT_LOGIN) {
                    // 未登录账号
                    if (status.hasResolution()) {
                        try {
                            // 6666 是自定义的常量
                            // 启动 IAP 返回的登录页面
                            status.startResolutionForResult(activity, 6666);
                        } catch (IntentSender.SendIntentException exp) {
```

```
                    }
                }
            }else if (status.getStatusCode() ==
                    OrderStatusCode.ORDER_ACCOUNT_AREA_NOT_SUPPORTED) {
                //用户当前登录的华为账号所在的服务地不在华为 IAP 支持结算的国家/地区中
                Toast.makeText(activity, "不在华为 IAP 支持结算的国家/地区中",
                                        Toast.LENGTH_SHORT).show();
            }
        } else {
            //其他外部错误
            Toast.makeText(activity, "其他外部错误",
                                Toast.LENGTH_SHORT).show();
        }
    }
});
    }


@Override
protected void onActivityResult(int requestCode, int resultCode, Intent data) {
    super.onActivityResult(requestCode, resultCode, data);
    if (requestCode == 6666) {
        if (data != null) {
            //使用 parseRespCodeFromIntent()方法获取接口请求结果
            int returnCode = IapClientHelper.parseRespCodeFromIntent(data);
            if(returnCode == Status.SUCCESS.getStatusCode()){
                btnQueryProduct.setEnabled(true);
            }else{
                btnQueryProduct.setEnabled(false);
            }
        }
    }
}
```

（10）在 onCreate()方法的末尾调用 queryIsReady()方法，实现对环境的检测，代码如以下粗体部分所示。

```
@Override
protected void onCreate(Bundle savedInstanceState) {
    //省略部分代码
```

```
        queryIsReady(getActivity());
    }


    private Activity getActivity(){
        return this;
    }
```

（11）实现展示商品信息的功能。复制 Coding Assistant 窗口中步骤②中的代码，将其粘贴到 MainActivity 类中，然后按 Alt+Enter 组合键引入对应的包。在这里可以看到要查询商品信息，需要知道商品 ID 的集合及商品类型；为了方便操作，定义一个集合来存放在步骤（5）中添加的托管商品 ID；至于商品类型，则通过单选按钮来设置。将选中的结果存放到成员变量 priceType 中，代码如以下粗体部分所示。

```
public class MainActivity extends AppCompatActivity {
    //省略部分成员变量的定义
    private int priceType=0;
    private static final List<String> productIdList;

    static {
        productIdList = new ArrayList<>();
        productIdList.add("pid_01_0001");
        productIdList.add("pid_02_0001");
        productIdList.add("pid_03_0001");
    }


@Override
protected void onCreate(Bundle savedInstanceState) {
    //省略部分代码
    rgProductType.setOnCheckedChangeListener(new
                            RadioGroup.OnCheckedChangeListener() {
        @Override
        public void onCheckedChanged(RadioGroup group, int checkedId) {
            switch(checkedId){
                case R.id.rbConsumbles:
                    priceType=0;
                    break;
                case R.id.rbNonConsumbles:
                    priceType=1;
                     break;
```

```
                case R.id.rbSubscription:
                    priceType=2;
                    break;
            }
        }
    });
    btnQueryProduct.setOnClickListener(new View.OnClickListener() {
        @Override
        public void onClick(View v) {
            queryProducts(productIdList,getActivity());
        }
    });
}


//省略部分代码
private void queryProducts(List<String> productIdList, Activity activity)
{
    ProductInfoReq req = new ProductInfoReq();
    req.setPriceType(priceType);
    req.setProductIds(productIdList);
    // to call the obtainProductInfo API
    Task<ProductInfoResult> task = Iap.getIapClient(activity)
                                            .obtainProductInfo(req);
    task.addOnSuccessListener(new OnSuccessListener<ProductInfoResult>() {
        @Override
        public void onSuccess(ProductInfoResult result) {
            // Obtain the result
            List<ProductInfo> productList = result.getProductInfoList();
            data.clear();
            data.addAll(productList);
            adapter.notifyDataSetChanged();
        }
    }).addOnFailureListener(new OnFailureListener() {
        @Override
        public void onFailure(Exception e) {
            //省略部分代码
        }
```

```
    });
  }
}
```

第 7 章任务 2 操作-4

（12）实现点击商品条目后发起购买的功能。由于 RecyclerView 没有点击事件，因此采用回调接口的方式来实现。首先，在项目中新建一个包，将其命名为 cn.edu.szpt.libin.paytest.interfaces，在这个包下创建一个类，将其命名为 OnItemClickListener，代码如下。

```
public interface OnItemClickListener {
    void onItemClick(int position);
}
```

然后，在 ProductAdapter 中添加成员变量和 setter 方法，代码如以下粗体部分所示。

```
public class ProductAdapter extends
                        RecyclerView.Adapter<ProductAdapter.ViewHolder>{
//省略部分成员变量的定义
private OnItemClickListener monItemClickListener;
public void setonItemClickListener(
                        OnItemClickListener monItemClickListener) {
    this.monItemClickListener = monItemClickListener;
}
//省略部分代码
@Override
public void onBindViewHolder(@NonNull ViewHolder holder, int position) {
    //省略部分代码
    holder.itemView.setOnClickListener(new View.OnClickListener() {
        @Override
        public void onClick(View v) {
            if(monItemClickListener!=null){
                monItemClickListener.onItemClick(position);
            }
        }
    });
}
}
```

（13）实现发起购买的功能。复制 Coding Assistant 窗口中步骤③中的代码，将其粘贴到 MainActivity 类中，然后按 Alt+Enter 组合键引入对应的包，并根据需要对代码做一些修改，如以下粗体部分所示。

```
private void buy(String productId, final Activity activity) {
 // Constructs a PurchaseIntentReq object.
 PurchaseIntentReq req = new PurchaseIntentReq();
 req.setProductId(productId);
 req.setPriceType(priceType);
 //省略部分代码
 task.addOnSuccessListener(new OnSuccessListener<PurchaseIntentResult>() {
     @Override
     public void onSuccess(PurchaseIntentResult result) {
         // Obtain the payment result.
         Status status = result.getStatus();
         if (status.hasResolution()) {
           try {
               //6666 已经在检测环境时用过了，这里改成 8888
               status.startResolutionForResult(activity, 8888);
             } catch (IntentSender.SendIntentException exp) {
             }
         }
     }
 }).addOnFailureListener(new OnFailureListener() {
     @Override
     public void onFailure(Exception e) {
       //省略部分代码
     }
 });
 }
```

（14）在 onCreate()方法的末尾添加点击商品后发起商品购买的操作，代码如以下粗体部分所示。此时运行程序，点击商品后，会拉起支付界面。为了测试方便，这里采用沙盒测试。沙盒测试允许在接入华为应用内支付联调过程中无须真实支付即可完成端到端的测试，我们需要在 AppGallery Connect 中配置测试账号，并设置允许这些账号执行沙盒测试。在 Coding Assistant 窗口中的"应用内支付服务"页面下方，单击"Testing Account"按钮，跳转到沙盒测试页面，如图 7-31 所示。设置允许执行沙盒测试的华为账号，如图 7-32 所示。

```
@Override
protected void onCreate(Bundle savedInstanceState) {
     //省略部分代码
     adapter.setonItemClickListener(new OnItemClickListener() {
       @Override
```

```
        public void onItemClick(int position) {
            ProductInfo bean = data.get(position);
            buy(bean.getProductId(),getActivity());
        }
    });
}
```

图 7-31　单击"Testing Account"按钮　　　　图 7-32　设置沙盒测试账号

（15）拉起收银台界面，用户完成支付后（成功购买商品或取消购买），华为 IAP 会通过 onActivityResult()方法将此次支付结果返回给应用程序。复制 Coding Assistant 窗口中步骤④中的代码，将其粘贴到 MainActivity 中的 onActivityResult()方法内，注意此处的 requestCode 要改成 8888。

```
protected void onActivityResult(int requestCode, int resultCode, Intent data) {
    super.onActivityResult(requestCode, resultCode, data);
    if (requestCode == 6666) {
        //省略部分代码
    }
    if (requestCode == 8888) {
        if (data == null) {
            Log.e("onActivityResult", "data is null");
            return;
        }
    PurchaseResultInfo purchaseResultInfo = Iap.getIapClient(this)
                            .parsePurchaseResultInfoFromIntent(data);
    switch (purchaseResultInfo.getReturnCode()) {
        case OrderStatusCode.ORDER_STATE_CANCEL:
```

```
        // User cancel payment.
        break;
    case OrderStatusCode.ORDER_STATE_FAILED:
    case OrderStatusCode.ORDER_PRODUCT_OWNED:
        // Checking if there exists undelivered products.
        break;
    case OrderStatusCode.ORDER_STATE_SUCCESS:
        // pay success.
        String inAppPurchaseData = purchaseResultInfo
                                            .getInAppPurchaseData();

        String inAppPurchaseDataSignature = purchaseResultInfo
                                            .getInAppDataSignature();

        // Delivering a Consumable Product
        break;
    default:
        break;
    }
    return;
    }
}
```

（16）下面将根据支付的结果，做出具体的处理。因为不同类型的商品的处理方式略有不同，所以这里仅以消耗型商品为例演示这个过程。

当返回码为 "OrderStatusCode.ORDER_STATE_SUCCESS" 时，需要先用 IAP 公钥验证签名，验证通过则执行发货操作。复制 Coding Assistant 窗口中步骤⑥和⑦中的代码，粘贴到 MainActivity 中，其中步骤⑥是获取 IAP 公钥的方法，步骤⑦是验证签名的方法，这里需要将自己的公钥替换到代码中。然后在 AppGallery Connect 页面中找到项目 Pay，选择左侧的选项 "应用内支付服务"，可看到公钥，复制即可，如图 7-33 所示。接着复制 Coding Assistant 窗口中步骤⑧中的代码，粘贴到 MainActivity 中。最后，在步骤（15）完成的代码框架里，在 "OrderStatusCode.ORDER_STATE_SUCCESS" 分支下，添加如下粗体代码。

```
case OrderStatusCode.ORDER_STATE_SUCCESS:
    // pay success.
    String inAppPurchaseData = purchaseResultInfo.getInAppPurchaseData();
    String inAppPurchaseDataSignature =
                        purchaseResultInfo.getInAppDataSignature();
    // Delivering a Consumable Product
    if (doCheck(inAppPurchaseData, inAppPurchaseDataSignature,
                                            getPublicKey())){
            deliverProduct(inAppPurchaseData,true,getActivity());
```

```
        }
    break;
```

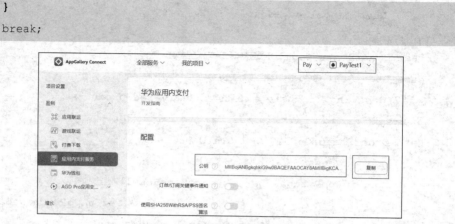

图 7-33　获取 IAP 公钥

当返回码为 "OrderStatusCode.ORDER_PRODUCT_OWNED" 或者 "OrderStatusCode.ORDER_STATE_FAILED" 时，则需要先确认发货状态，如存在未发货的情况，则需要补发货。复制 Coding Assistant 窗口中步骤⑤中的代码，粘贴到 MainActivity 中，并修改部分代码，如以下粗体部分所示。

```
private void queryPurchases(Activity activity) {
// Constructs a OwnedPurchasesReq object.
OwnedPurchasesReq ownedPurchasesReq = new OwnedPurchasesReq();
// In-app product type contains:
ownedPurchasesReq.setPriceType(priceType);
// to call the obtainOwnedPurchases API
Task<OwnedPurchasesResult> task = Iap.getIapClient(activity)
                        .obtainOwnedPurchases(ownedPurchasesReq);
task.addOnSuccessListener(new OnSuccessListener<OwnedPurchasesResult>() {
  @Override
  public void onSuccess(OwnedPurchasesResult result) {
    // Obtain the execution result.
    if (result != null && result.getInAppPurchaseDataList() != null) {
    for (int i = 0; i < result.getInAppPurchaseDataList().size(); i++) {
      String inAppPurchaseData = result.getInAppPurchaseDataList()
                                                    .get(i);
      String InAppSignature = result.getInAppSignature().get(i);
      // Delivering a Consumable Product
    if (doCheck(inAppPurchaseData, InAppSignature, getPublicKey())) {
        deliverProduct(inAppPurchaseData,true,getActivity());
    }
    }
  }
}
```

```
    }
}).addOnFailureListener(new OnFailureListener() {
        @Override
        public void onFailure(Exception e) {
            //省略部分代码
        }
    });
}
```

然后，在步骤（15）完成的代码框架里，找到 "OrderStatusCode.ORDER_PRODUCT_OWNED" 分支，添加如下粗体代码。

```
case OrderStatusCode.ORDER_PRODUCT_OWNED:
    // Checking if there exists undelivered products.
    queryPurchases(getActivity());
    break;
```

（17）使用 USB 线连接 Android 手机真机，单击工具栏中的 ▶ 按钮，测试华为应用内支付功能，效果如图 7-23 所示。

7.3　任务 3　使用华为定位服务获取所在地天气

1. 任务简介

在本任务中，将介绍什么是华为定位服务，如何使用华为定位服务获取当前位置，并根据所在位置获取天气情况，实现效果如图 7-34 所示。主要涉及华为定位服务和 OkHttp 框架的使用。

图 7-34　使用华为定位服务获取所在地天气的效果

2．相关知识

（1）华为定位服务。

华为定位服务（Location Kit）提供了快速、精准获取用户位置信息的功能，目前支持 4 种接入形态，分别是 Android、HarmonyOS、iOS 和 REST API。这里使用的是 Android 环境，Location Kit 提供了与定位相关的接口，主要包含融合定位、活动识别、地理围栏、室外高精度和室内定位等。

（2）OkHttp 框架。

OkHttp 是一款优秀的 HTTP 框架，由 Square 公司设计研发并开源，目前可以在 Java 和 Kotlin 中使用。它支持 get 请求和 post 请求，支持基于 HTTP 的文件上传和下载，支持加载图片，支持自动对下载文件做 GZIP 压缩，支持响应缓存以避免重复的网络请求，支持使用连接池来缓解响应延迟问题。OkHttp 是目前 Android 客户端应用最广泛的轻量级框架。

3．任务实施

第 7 章任务 3 操作-1

（1）在 Android Studio 中创建一个新工程，将其命名为 LocationTest，并将包名设置为 cn.edu.szpt.libin.loctiontest，注意此处的包名需要大家自行设置，不能一样。然后参照 7.1 节"任务实施"中的步骤（2）~（11），使用 Configuration Wizard 完成环境配置。只是在单击"Add Kits"超链接时选择"Location Kit"即可。

（2）配置成功后，单击"Go to coding assistant"按钮，跳转到 Coding Assistant 窗口。然后参照 7.1 节"任务实施"中步骤（12）中的介绍，选择"定位服务"选项，在场景列表中找到"定位服务开发"列表项，按住鼠标左键，将该列表项拖入左侧的代码区，此时会弹出"向应用程序添加依赖关系"对话框，单击"确定"按钮，完成依赖关系的设置，同时，代码助手还会在项目中自动生成一个样例 Activity，将其命名为 RequestLocationUpdatesWithCallbackActivity。

（3）切换到布局文件 activity_main.xml 中，搭建获取定位信息的界面，界面及结构如图 7-35 所示。

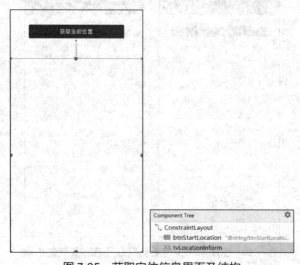

图 7-35 获取定位信息界面及结构

（4）Coding Assistant 窗口中的"定位服务开发"功能针对的是持续定位场景，而本任务只需要单次定位即可，不能完全照搬 Coding Assistant 窗口中的代码。单击 Coding Assistant 窗口下方的"查看更多信息"超链接（见图 7-30），跳转到网页版的开发指南，综合两方面的信息，按照任务需求重构代码。

（5）在 AndroidManifest.xml 文件中声明 3 个权限，代码如下。

```
<uses-permission android:name="android.permission.ACCESS_FINE_LOCATION" />
<uses-permission android:name="android.permission.ACCESS_COARSE_LOCATION" />
<uses-permission android:name="android.permission.ACCESS_BACKGROUND_LOCATION" />
```

（6）动态申请权限，注意这里 Coding Assistant 窗口中提供的代码有问题，因此做了一些修改，代码如下。

```
private void checkBGLocationPermission() {
if (Build.VERSION.SDK_INT > Build.VERSION_CODES.P) {
    // Android API Level 在 28 以上的，需要授权，否则不会出现始终允许的选项
    if (ActivityCompat.checkSelfPermission(this,
                Manifest.permission.ACCESS_BACKGROUND_LOCATION) != 0) {
      String[] strings = {Manifest.permission.ACCESS_BACKGROUND_LOCATION};
      ActivityCompat.requestPermissions(this, strings, 2);
    }
  }
}


private void checkPermission() {
// Dynamically apply for required permissions if the API level is 28 or smaller.
if (ActivityCompat.checkSelfPermission(this,
            Manifest.permission.ACCESS_FINE_LOCATION) != 0
            && ActivityCompat.checkSelfPermission(this,
            Manifest.permission.ACCESS_COARSE_LOCATION) != 0) {
  String[] strings = {Manifest.permission.ACCESS_FINE_LOCATION,
                  Manifest.permission.ACCESS_COARSE_LOCATION};
  ActivityCompat.requestPermissions(this, strings, 1);
}
}


@Override
public void onRequestPermissionsResult(int requestCode, String[] permissions,
                                    int[] grantResults) {
  switch (requestCode){
    case 1:
```

```
            if(grantResults.length<2 || grantResults[1] !=0 ||grantResults[0]!=0){
                Toast.makeText(this,"请授予定位权限",Toast.LENGTH_SHORT).show();
            }else{
                checkBGLocationPermission();
            }
            break;
        case 2:
            if(grantResults.length==0 || grantResults[0] != 0 ){
                Toast.makeText(this,"请授予后台定位权限",Toast.LENGTH_SHORT).show();
            }
            break;
        }
}
```

（7）参考 Coding Assistant 窗口中步骤④及网页中选择定位模式部分的介绍，结合本任务的需求，声明并初始化以下成员变量，代码如下。

```
public class MainActivity extends AppCompatActivity {
private FusedLocationProviderClient fusedLocationProviderClient;
private LocationRequest mLocationRequest;
private Button btnStartLocation;
private TextView tvLocationInform;

private void initital(){
  fusedLocationProviderClient = LocationServices
                                    .getFusedLocationProviderClient(this);
  mLocationRequest = new LocationRequest();
  // 设置定位类型
mLocationRequest.setPriority(LocationRequest.PRIORITY_HIGH_ACCURACY);
  // 设置回调次数为1
  mLocationRequest.setNumUpdates(1);
}


@Override
protected void onCreate(Bundle savedInstanceState) {
    super.onCreate(savedInstanceState);
    setContentView(R.layout.activity_main);
    btnStartLocation = findViewById(R.id.btnStartLocation);
    tvLocationInform=findViewById(R.id.tvLocationInform);
```

```
        checkPermission();

        initital();

}


//省略部分代码

}
```

（8）参考 Coding Assistant 窗口中步骤⑤、⑥、⑪中的介绍，定义成员方法 getLocation()，实现检查设备设置以及获取最后的已知位置功能。当用户点击"获取当前位置"按钮时，调用该方法，代码如下。

```
public class MainActivity extends AppCompatActivity {


private void getLocation(){
  SettingsClient settingsClient = LocationServices.getSettingsClient(this);
  LocationSettingsRequest.Builder builder = new LocationSettingsRequest
                                                      .Builder();
builder.addLocationRequest(mLocationRequest);
LocationSettingsRequest locationSettingsRequest = builder.build();
// Check the device location settings.
settingsClient.checkLocationSettings(locationSettingsRequest)
.addOnSuccessListener(
                new OnSuccessListener<LocationSettingsResponse>() {
    @Override
    public void onSuccess(
                LocationSettingsResponse locationSettingsResponse) {
      // Obtain the last known location.
      Task<Location> task = fusedLocationProviderClient.getLastLocation()
            .addOnSuccessListener(new OnSuccessListener<Location>() {
              @Override
              public void onSuccess(Location location) {
                  if (location == null) {
                      return;
                  }
                  tvLocationInform.setText(
                          "\t Longitude:" + location.getLongitude()+
                          "\t Latitude:" + location.getLatitude() );
              }
          })
```

```
                    .addOnFailureListener(new OnFailureListener() {
                        @Override
                        public void onFailure(Exception e) {
                            Log.e("Err",e.getMessage());
                        }
                    });
                }
            })
            .addOnFailureListener(new OnFailureListener() {
                @Override
                public void onFailure(Exception e) {
                    int statusCode = ((ApiException) e).getStatusCode();
                    switch (statusCode) {
                        case LocationSettingsStatusCodes.RESOLUTION_REQUIRED:
                            try {
                                ResolvableApiException rae = (ResolvableApiException) e;
                                rae.startResolutionForResult(MainActivity.this, 0);
                            } catch (IntentSender.SendIntentException sie) {
                                // 可添加异常处理代码
                            }
                            break;
                    }
                }
            });
    }


    @Override
    protected void onCreate(Bundle savedInstanceState) {
    //省略部分代码
    btnStartLocation.setOnClickListener(new View.OnClickListener() {
        @Override
        public void onClick(View v) {
            getLocation();
        }
    });
    }
```

```
//省略部分代码
}
```

（9）此时，通过 USB 线连接 Android 手机真机，运行程序，目前仅显示了当前位置的经纬度。下面将通过访问和风天气的 API 来获取当前位置的天气信息。首先，进入和风天气开发服务的网站，注册用户、配置项目并生成相应的 key，然后，给定一个经纬度信息，测试是否能够返回对应位置的天气信息，效果如图 7-36 所示。

第 7 章任务 3 操作-2

["code":"200","updateTime":"2023-02-08T17:35+08:00","fxLink":"http://hfx.link/1u0zl","daily":[{"fxDate":"2023-02-08","sunrise":"07:01","sunset":"18:18","moonrise":"20:25","moonset":"06:37","moonPhase":"亏凸月","moonPhaseIcon":"805","tempMax":"23","tempMin":"17","iconDay":"101","textDay":"多云","iconNight":"151","textNight":"多云","wind360Day":"90","windDirDay":"东风","windScaleDay":"3-4","windSpeedDay":"16","wind360Night":"90","windDirNight":"东风","windScaleNight":"3-4","windSpeedNight":"16","humidity":"85","precip":"0.0","pressure":"1011","vis":"25","cloud":"25","uvIndex":"6"},{"fxDate":"2023-02-09","sunrise":"07:00","sunset":"18:19","moonrise":"21:17","moonset":"09:08","moonPhase":"亏凸月","moonPhaseIcon":"805","tempMax":"23","tempMin":"19","iconDay":"101","textDay":"多云","iconNight":"305","textNight":"小雨","wind360Day":"0","windDirDay":"北风","windScaleDay":"1-2","windSpeedDay":"3","humidity":"88","precip":"0.0","pressure":"1010","vis":"25","cloud":"25","uvIndex":"3"},{"fxDate":"2023-02-10","sunrise":"07:00","sunset":"18:19","moonrise":"22:10","moonset":"09:40","moonPhase":"亏凸月","moonPhaseIcon":"805","tempMax":"24","tempMin":"19","iconDay":"101","textDay":"多云","iconNight":"151","textNight":"多云","wind360Night":"0","windDirNight":"北风","windScaleDay":"1-2","windSpeedDay":"3","wind360Night":"90","windDirNight":"东风","windScaleNight":"3-4","windSpeedNight":"16","humidity":"90","precip":"0.0","pressure":"1008","vis":"24","cloud":"25","uvIndex":"5"}],"refer":{"sources":["QWeather","NMC","ECMWF"],"license":["CC BY-SA 4.0"]}}

图 7-36　给定经纬度返回的天气信息

（10）创建实体类 WeatherBean，使用 GsonFormat-Plus 插件，由返回的 JSON 数据自动生成相应的信息，具体操作可参照 6.2 节"任务实施"中步骤（7）～（10）中的介绍。

（11）本任务使用网络访问的方式来获取并解析相应的天气信息，因此需要引入 OkHttp 框架和 Gson 库，打开 build.gradle 文件，添加相关依赖，然后单击"Sync Now"超链接，下载相关依赖，如图 7-37 所示。

```
Gradle files have changed since last project sync. A project sync may be necessary for the IDE to work properly.   Sync Now  Ignore these changes

32      implementation 'androidx.appcompat:appcompat:1.2.0'
33      implementation 'com.google.android.material:material:1.3.0'
34      implementation 'androidx.constraintlayout:constraintlayout:2.0.4'
35      testImplementation 'junit:junit:4.+'
36      androidTestImplementation 'androidx.test.ext:junit:1.1.2'
37      androidTestImplementation 'androidx.test.espresso:espresso-core:3.3.0'
38      implementation 'com.huawei.hms:location:5.1.0.301'
39      implementation 'com.squareup.okhttp3:okhttp:4.10.0'
40      implementation 'com.google.code.gson:gson:2.8.5'
41  }
42  apply plugin: 'com.huawei.agconnect'
```

图 7-37　添加依赖

（12）回到 MainActivity 中，添加如下代码，实现获取天气信息的功能。

```java
public class MainActivity extends AppCompatActivity {

private String getKey(){
    return "fc61f84a0fcd41d19f71bdfb660fc961";
}

private void getWeather(double lon,double lat){
    String url = "https://devapi.qweather.com/v7/weather/3d?location=" +
                String.format("%.2f",lon) + "," +
```

```
                        String.format("%.2f",lat) +"&key=" + getKey();
    OkHttpClient client =new OkHttpClient();
    Request request=new Request.Builder().url(url).build();
    Call call = client.newCall(request);
    call.enqueue(new Callback() {
        @Override
        public void onFailure(@NonNull Call call, @NonNull IOException e) {
            tvLocationInform.setText("获取天气信息失败");
         }
        @Override
        public void onResponse(@NonNull Call call, @NonNull Response response)
                                                    throws IOException {
            Gson gson = new Gson();
            WeatherBean bean = gson.fromJson(response.body().string(),
                                            WeatherBean.class);
            StringBuilder sb = new StringBuilder();
            sb.append("当前时间: "+bean.getDaily().get(0).getFxDate() + "\n");
            sb.append("白天天气: "+bean.getDaily().get(0).getTextDay()+"\n");
            sb.append("最高气温: "+bean.getDaily().get(0).getTempMax()+"\n");
            sb.append("最低气温: "+bean.getDaily().get(0).getTempMin()+"\n");
            sb.append("湿度: "+bean.getDaily().get(0).getHumidity()+"\n");
            tvLocationInform.append("\n\n" + sb.toString());
        }
    });
  }
 }
```

（13）在 getLocation()方法中找到获取位置信息的代码，在其后调用 getWeather()方法，获取并显示当前位置的天气信息，代码如以下粗体部分所示。

```
tvLocationInform.setText("\t Longitude:" + location.getLongitude() +
                    "\t  Latitude:"  + location.getLatitude()  );
getWeather(location.getLongitude(),location.getLatitude());
```

（14）使用 USB 线连接 Android 手机真机，单击工具栏中的 ▶ 按钮，效果如图 7-34 所示。

7.4 任务 4 使用 ML Kit 实现文本识别

1. 任务简介

在本任务中，将使用 ML Kit 实现文本识别，效果如图 7-38 所示。

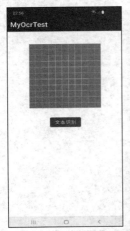

图 7-38 文本识别效果图

2. 相关知识

华为机器学习服务（ML Kit）提供了机器学习套件，为开发者使用机器学习功能开发各类应用提供了优质体验，助力开发者更快、更好地开发文本类、图像类、识别人脸人体类、自然语言处理类以及自定义模型等多种类型的 AI 应用程序，相关详细介绍可参见华为开发者联盟官网。

3. 任务实施

（1）在 Android Studio 中创建一个新工程，将其命名为 MyOcrTest，并将包名设置为 cn.edu.szpt.libin.myocrtest，注意此处的包名需要大家自行设置，不能一样。然后参照 7.1 节"任务实施"中的步骤（2）～（11），使用 Configuration Wizard 完成环境配置。只是在单击"Add Kits"时选择"ML Kit"即可。

第 7 章任务 4 操作

（2）配置成功后，单击"Go to coding assistant"按钮，跳转到 Coding Assistant 窗口。然后参照 7.1 节"任务实施"中步骤（12）中的介绍，选择"AI"下的"机器学习服务"选项，在场景列表中找到"端侧文本识别"列表项，然后按住鼠标左键，将该列表项拖入左侧的代码区，此时会弹出"向应用程序添加依赖关系"对话框，单击"确定"按钮，完成依赖关系的设置。同时，代码助手还会在项目中自动生成一个样例 Activity，将其命名为 ImageTextAnalyseActivity。

（3）切换到布局文件 activity_main.xml 中，搭建文本识别界面，文本识别界面及结构如图 7-39 所示。

（4）实现程序的操作逻辑。当用户点击 ImageView 控件时，用户可以从相册选择图片，也可以直接拍照获取图片，完成后图片显示在 ImageView 中。

因为要访问相机，所以需要在 AndroidManifest.xml 文件中声明两个权限，代码如下。

```
<uses-permission android:name="android.permission.CAMERA"/>
<uses-permission android:name="android.permission.WRITE_EXTERNAL_STORAGE"/>
```

由于这两个权限属于敏感权限，因此需要动态授权，在 MainActivity 中添加如下代码。

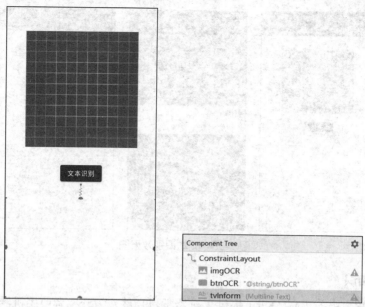

图 7-39　文本识别界面及结构

```java
private void checkPermission(){
if(ActivityCompat.checkSelfPermission(this, Manifest.permission.CAMERA)
                                                                != 0){
ActivityCompat.requestPermissions(this, new String[]{
                                Manifest.permission.CAMERA}, 100);
    }
 }


@Override
public void onRequestPermissionsResult(int requestCode,String[] permissions,
                                        int[] grantResults) {
    if(requestCode==100){
       if(grantResults.length==0 || grantResults[0]!=0){
           Toast.makeText(this, "请授予相机权限", Toast.LENGTH_SHORT).show();
       }
    }
}
```

实现当用户点击 ImageView 控件时，拉起相册或拍照界面，代码如下。

```java
public class MainActivity extends AppCompatActivity {
private ImageView imgOCR;
private EditText tvInform;
private Button btnOCR;
```

```
@Override
protected void onCreate(Bundle savedInstanceState) {
  super.onCreate(savedInstanceState);
  setContentView(R.layout.activity_main);
  imgOCR = findViewById(R.id.imgOCR);
  tvInform = findViewById(R.id.tvInform);
  btnOCR = findViewById(R.id.btnOCR);

  imgOCR.setOnClickListener(new View.OnClickListener() {
      @Override
      public void onClick(View v) {
         AlertDialog.Builder builder = new AlertDialog.Builder(
                                         MainActivity.this);
         builder.setItems(new String[]{"拍照", "从相册中选择"},
            new DialogInterface.OnClickListener() {
                @Override
                public void onClick(DialogInterface dialog, int which) {
                   switch (which){
                      case 0:
                         checkPermission();
                         Intent camera = new Intent(
                                  MediaStore.ACTION_IMAGE_CAPTURE);
                         startActivityForResult(camera, 1000);
                         break;
                      case 1:
                         Intent picture = new Intent(Intent.ACTION_PICK,
                            MediaStore.Images.Media.EXTERNAL_CONTENT_URI);

                         startActivityForResult(picture, 2000);
                         break;
                   }
                }
            }).create().show();
      }
   });
}
```

```
    //省略部分代码
}
```

目前当用户点击 ImageView 控件时，可以拉起相册或拍照界面。下面实现将获取的图片显示在 ImageView 控件中。这里通过重写 onActivityResult()方法来实现，代码如下。

```
@Override
protected void onActivityResult(int requestCode, int resultCode,Intent data) {
    super.onActivityResult(requestCode, resultCode, data);
    if (data != null) {
        switch (requestCode) {
            case 1000:
                imgOCR.setImageBitmap((Bitmap) data.getExtras().get("data"));
                break;
            case 2000:
                imgOCR.setImageURI(data.getData());
                break;
        }
    }
}
```

（5）实现文本识别功能。选择“HMS”→“Coding Assistant”选项，打开 Coding Assistant 窗口，选择“机器学习服务”选项，在场景列表中选择“端侧文本识别”列表项，可以看到给出的代码示例。参考 Coding Assistant 窗口中步骤①中的代码，将对 MLTextAnalyzer 对象的初始化操作放到 initialMLTextAnalyzer()方法中，并在 onCreate()方法的末尾调用该方法。注意 Coding Assistant 窗口里提供了两种方式，这里选择了第 2 种方式，代码如下。

```
public class MainActivity extends AppCompatActivity {
    //省略部分代码
private MLTextAnalyzer analyzer;

private void initialMLTextAnalyzer(){
  MLLocalTextSetting setting = new MLLocalTextSetting.Factory()
            .setOCRMode(MLLocalTextSetting.OCR_DETECT_MODE)
            // Specify languages that can be recognized.
            .setLanguage("zh")
            .create();
 analyzer = MLAnalyzerFactory.getInstance().getLocalTextAnalyzer(setting);
}

@Override
```

```
protected void onCreate(Bundle savedInstanceState) {
    //省略部分代码
    initialMLTextAnalyzer();
}
}
```

（6）参考 Coding Assistant 窗口中步骤②、③中的代码，将实现文本识别的代码放到 startOCR()方法中，代码如下。

```
private void startOCR(Bitmap bitmap){
    MLFrame frame = MLFrame.fromBitmap(bitmap);
    Task<MLText> task = analyzer.asyncAnalyseFrame(frame);
    task.addOnSuccessListener(new OnSuccessListener<MLText>() {
        @Override
        public void onSuccess(MLText text) {
            // Processing for successful recognition.
            String str = displaySuccess(text);
            tvInform.setText(str);
        }
    }).addOnFailureListener(new OnFailureListener() {
        @Override
        public void onFailure(Exception e) {
            // Processing logic for recognition failure.
        }
    });
}


private String displaySuccess(MLText mlText) {
    String result = "";
    List<MLText.Block> blocks = mlText.getBlocks();
    for (MLText.Block block : blocks) {
        for (MLText.TextLine line : block.getContents()) {
            result += line.getStringValue() + "\n";
        }
    }
    return result;
}
```

（7）在 onCreate()方法末尾添加如下代码，当点击"文本识别"按钮时，启动文本识别操作。

```
btnOCR.setOnClickListener(new View.OnClickListener() {
        @Override
        public void onClick(View v) {
            Drawable drawable = imgOCR.getDrawable();
            BitmapDrawable bd = (BitmapDrawable) drawable;
            startOCR(bd.getBitmap());
        }
    });
```

（8）参考 Coding Assistant 窗口中步骤④中的代码，当退出程序时，将资源释放，代码如下。

```
private void releaseAnalyzer(){
    try {
        if (analyzer != null) {
            analyzer.stop();
        }
    } catch (IOException e) {
        // Exception handling.
    }
}


@Override
protected void onDestroy() {
    super.onDestroy();
    releaseAnalyzer();
}
```

（9）此时运行程序，会发现选择相册中的图片时识别率较高，但如果使用相机拍照，则识别率不高。这是为什么呢？原因在于拍照时，如果我们没有设置保存路径的话，那么通过 Intent 传过来的是一个缩略图。相关代码如以下粗体部分所示。

```
private Uri photoUri;
@Override
protected void onCreate(Bundle savedInstanceState) {
//省略部分代码
imgOCR.setOnClickListener(new View.OnClickListener() {
    @Override
    public void onClick(View v) {
        AlertDialog.Builder builder = new AlertDialog.Builder(
                                            MainActivity.this);
```

```
        builder.setItems(new String[]{"拍照", "从相册中选择"},
          new DialogInterface.OnClickListener() {
              @Override
              public void onClick(DialogInterface dialog, int which) {
                  switch (which){
                      case 0:
                          checkPermission();
                          Intent camera = new Intent(
                                          MediaStore.ACTION_IMAGE_CAPTURE);
                          ContentValues values = new ContentValues();
                          photoUri = getContentResolver().insert(
                              MediaStore.Images.Media.EXTERNAL_CONTENT_URI,
                                                              values);
                          camera.putExtra(MediaStore.EXTRA_OUTPUT,photoUri);
                          startActivityForResult(camera, 1000);
                          break;
                      case 1:
                          //省略部分代码
                  }
              }
          }).create().show();
      }
  });
//省略部分代码
}


@Override
protected void onActivityResult(int requestCode,int resultCode, Intent data) {
    super.onActivityResult(requestCode, resultCode, data);
    switch (requestCode) {
      case 1000:
        if (resultCode==RESULT_OK && photoUri!=null) {
            imgOCR.setImageURI(photoUri);
        }
        break;
      case 2000:
        if(data!=null) {
```

```
                    imgOCR.setImageURI(data.getData());
            }
            break;
        }


    }
```

（10）使用 USB 线连接 Android 手机真机，单击工具栏中的 ▶ 按钮，效果如图 7-38 所示。

7.5 课后练习

（1）参考 ML Kit 文档，尝试实现云侧文本识别功能，谈谈云侧和端侧的优缺点分别是什么。

（2）参考 ML Kit 文档，尝试实现文档识别功能。

7.6 小讨论

习近平总书记在 2020 年 9 月 11 日的科学家座谈会上指出："工业方面，一些关键核心技术受制于人，部分关键元器件、零部件、原材料依赖进口。"如何破解这些"卡脖子"难题，一直是国家和社会各界关注的焦点。

总的来说，改革开放以来，我国产业链积极融入全球产业链，取得了巨大的经济成就。然而，在创新链布局方面相对滞后，原始创新不足成为一个短板。我们不必否定过去，因为这是我国经济社会发展的历史阶段决定的。在过去的很长一段时间里，我国处于全球产业链的中下游地位，在科技领域主要是跟跑者，因此在创新链的上游投入较少。然而，如今我国在一些前沿领域已经开始追赶并领跑，加快发展自主核心技术的重要性凸显。

作为即将走上工作岗位的软件专业学生，谈谈你所了解的领域我国有哪些已经解决和亟待解决的关键核心技术短板，攻克上述关键核心技术对我国有着怎样的重要意义。